中國古典家具
技藝全書·解析經典

金榮題

“十三五”国家重点图书
2020年度国家出版基金资助项目

总顾问：李　坚　刘泽祥　刘文金
总主编：周京南　朱志悦　杨　飞

中国古典家具技艺全书

（第二批）

解析经典④

坐具IV（凳墩、脚踏）

第十四卷

（总三十卷）

主　编：周京南　卢海华　董　君

中国林业出版社

图书在版编目（C I P）数据

解析经典．④ / 周京南等总主编．-- 北京 ：中国林业出版社，2021.1
（中国古典家具技艺全书．第二批）

ISBN 978-7-5219-1023-0

Ⅰ．①解… Ⅱ．①周… Ⅲ．①家具—介绍—中国—古代 Ⅳ．① TS666.202

中国版本图书馆 CIP 数据核字 (2021) 第 023789 号

出 版 人：刘东黎
总 策 划：纪　亮
责任编辑：樊　菲

出　　版：中国林业出版社（100009 北京市西城区刘海胡同 7 号）
印　　刷：北京利丰雅高长城印刷有限公司
发　　行：中国林业出版社
电　　话：010 8314 3610
版　　次：2021 年 1 月第 1 版
印　　次：2021 年 1 月第 1 次
开　　本：889mm×1194mm，1/16
印　　张：18
字　　数：300 千字
图　　片：约 820 幅
定　　价：360.00 元

《中国古典家具技艺全书》（第二批）总编撰委员会

总 顾 问：李　坚　刘泽祥　刘文金

总 主 编：周京南　朱志悦　杨　飞

书名题字：杨金荣

《中国古典家具技艺全书——解析经典④》

主　　　编：周京南　卢海华　董　君

编 委 成 员：方崇荣　蒋劲东　马海军　纪　智　徐荣桃

参与绘图人员：李　鹏　孙胜玉　温　泉　刘伯恺　李宇瀚
李　静　李总华

凡 例

一、本书中的木工匠作术语和家具构件名称主要依照王世襄先生所著《明式家具研究》的附录一《名词术语简释》，结合目前行业内通用的说法，力求让读者能够认同。

二、本书分有多种图题，说明如下：

1. 整体外观为家具的推荐材质外观效果图。
2. 三视结构为家具的三个视角的剖视图。
3. 用材效果为家具的三种主要珍贵用材的展示效果图。
4. 结构爆炸为家具的零部件爆炸图。
5. 结构示意为家具的结构解析和标注图，按照构件的部位或类型分类。
6. 细部效果和细部结构为对应的家具构件效果图和三视图，其中细部结构中部分构件的俯视图或左视图因较为简单，故省略。

三、本书中效果图和CAD图分别编号，以方便读者查找。

四、本书中每件家具的穿销、栽榫、楔钉等另加的榫卯只绘出效果图，并未绘出CAD图，读者在实际使用中，可以根据家具用材和尺寸自行决定此类榫卯的数量和大小。

序　言

李　坚　中国工程院院士

讲到中国的古家具，可谓博大精深，灿若繁星。

从神秘庄严的商周青铜家具，到浪漫拙朴的秦汉大漆家具；从壮硕华美的大唐壸门结构，到精炼简雅的宋代框架结构；从秀丽俊逸的明式风格，到奢华繁复的清式风格，这一漫长而恢宏的演变过程，每一次改良，每一场突破，无不渗透着中国人的文化思想和审美观念，无不凝聚着中国人的汗水与智慧。

家具本是静物，却在中国人的手中活了起来。

木材，是中国古家具的主要材料。通过中国匠人的手，塑出家具的骨骼和形韵，更是其商品价值的重要载体。红木的珍稀世人多少知晓，紫檀、黄花梨、大红酸枝的尊贵和正统更是为人称道，若是再辅以金、骨、玉、瓷、珐琅、螺钿、宝石等珍贵的材料，其华美与金贵无须言表。

纹饰，是中国古家具的主要装饰。纹必有意，意必吉祥，这是中国传统工艺美术的一大特色。纹饰之于家具，不但起到点缀空间、构图美观的作用，还具有强化主题、烘托喜庆的功能。龙凤麒麟、喜鹊仙鹤、八仙八宝、梅兰竹菊，都寓意着美好和幸福，也是刻在中国人骨子里的信念和情结。

造型，是中国古家具的外化表现和功能诉求。流传下来的古家具实物在博物馆里，在藏家手中，在拍卖行里，向世人静静地展现着属于它那个时代的丰姿。即使是从未接触过古家具的人，大概也分得出桌椅几案，柜架床榻，这得益于中国家具的流传有序和中国人制器为用的传统。关于造型的研究更是理论深厚，体系众多，不一而足。

唯有技艺，是成就中国古家具的关键所在，当前并没有被系统地挖掘和梳理，尚处于失传和误传的边缘，显得格外落寞。技艺是连接匠人和器物的桥梁，刀削斧凿，木活生花，是熟练的手法，是自信的底气，也是“手随心驰，心从手思，心手相应”的炉火纯青之境界。但囿于中国传统各行各业间“以师带徒，口传心授”传承方式的局限，家具匠人们的技艺并没有被完整的记录下来，没有翔实的资料，也无标准可依托，这使得中国古典家具技艺在当今社会环境中很难被传播和继承。

此时，由中国林业出版社策划、编辑和出版的《中国古典家具技艺全书》可以说是应运而生，责无旁贷。全套书共三十卷，分三批出版，运用了当前最先进的技术手段，最生动的展现方式，对宋、明、清和现代中式的家具进行了一次系统的、全面的、大体量的收集和整理，通过对家具结构的拆解，家具部件的展示，家具工艺的挖掘，家具制作的考证，为世人揭开了古典家具技艺之美的面纱。图文资料的汇编、尺寸数据的测量、CAD和效果图的绘制以及对相关古籍的研究，以五年的时间铸就此套著作，匠人匠心，在家具和出版两个领域，都光芒四射。全书无疑是一次对古代家具文化的抢救性出版，是对古典家具行业“以师带徒，口传心授”的有益补充和锐意创新，为古典家具技艺的传承、弘扬和发展注入强劲鲜活的动力。

党的十八大以来，国家越发重视技艺，重视匠人，并鼓励“推动中华优秀传统文化创造性转化、创新性发展”，大力弘扬“精益求精的工匠精神”。《中国古典家具技艺全书》正是习近平总书记所强调的“坚定文化自信、把握时代脉搏、聆听时代声音，坚持与时代同步伐、以人民为中心、以精品奉献人民、用明德引领风尚”的具体体现和生动诠释。希望《中国古典家具技艺全书》能在全体作者、编辑和其他工作人员的严格把关下，成为家具文化的精品，成为世代流传的经典，不负重托，不辱使命。

2020年5月

前　言

纪　亮　全书总策划

中国的古典家具，有着悠久的历史。传说上古之时，神农氏发明了床，有虞氏时出现了俎。商周时代，出现了曲几、屏风、衣架。汉魏以前，家具一般都形体较矮，属于低型家具。自南北朝开始，出现了垂足坐，于是凳、靠背椅等高足家具随之出现。隋唐五代时期，垂足坐的休憩方式逐渐普及，高低型家具并存。宋代以后，高型家具及垂足坐才完全代替了席地坐的生活方式。高型家具经过宋、元两朝的普及发展，到明代中期，已取得了很高的艺术成就，中国古典家具艺术进入成熟阶段，形成了被誉为具有高度艺术成就的“明式家具”。清代家具，承明余续，在造型特征上，骨架粗壮结实，方直造型多于明式曲线造型，题材生动且富于变化，装饰性强，整体大方而局部装饰精细入微。近20年来，古典家具发展迅猛，家具风格在明清家具的基础上不断传承和发展，并形成了独具中国特色的现代中式家具，亦有学者称之为“中式风格家具”。

中国的古典家具，经过唐宋的积淀，明清的飞跃，现代的传承，已成为“东方艺术的一颗明珠”。中国古典家具是我国传统造物文化的重要组成和载体，也深深影响着世界近现代的家具设计。国内外研究并出版以古典家具的历史文化、图录资料等内容的著作较多，然而从古典家具技艺的角度出发，挖掘整理的著作少之又少。技艺——是古典家具的精髓，是保护发展我国古典家具的核心所在。为了更好地传承和弘扬我国古典家具文化，全面系统地介绍我国古典家具的制作技艺，提高国家文化软实力，提升民族自信，实现古典家具创造性转化、创新性发展，中国林业出版社聚集行业之力组建《中国古典家具技艺全书》编写工作组。全书以制作技艺为线索，详细介绍了古典家具的结构、造型、制作、解析、鉴赏等内容，全书共30卷，分为榫卯构造、匠心营造、大成若缺、解析经典、美在久成这5个系列陆续出版，并通过数字化手段搭建中国古典家具技艺网和家具技艺APP等。全书力求通过准确的测量、绘制，挖掘、梳理家具技艺，向读者展示中国古典家具的线条美、结构美、造型美、雕刻美、装饰美、材质美。

《解析经典》为本套丛书的第四个系列，共分十卷。本系列以宋明两代绘画中的家具图像和故宫博物院典藏的古典家具实物为研究对象，因无法进行实物测绘，只能借助现代化的技术手段进行场景还原、三维建模、结构模拟等方式进行绘制，并结合专家审读和工匠实践来勘误矫正，最终形成了200余套来自宋、明、清的经典器形的珍贵图录，并按照坐具、承具、卧具、庋具、杂具等类别进行分类，分器形点评、CAD图示、用材效果、结构爆炸、部件示意、细部详解六个层次详细地解析了每件家具。这些丰富而翔实的资料将为我们研究和制作古典家具提供重要的学习和参考资料。本系列丛书中所选器形均为明清家具之经典器物，其中器物的原型几乎均为国之重器，弥足珍贵，故以“解析经典”命名。因家具数量较多、结构复杂，书中难免存在疏漏与错误，望广大读者批评指正，我们也将在再版时陆续修正。

最后，感谢国家新闻出版署将本项目列为“十三五”国家重点图书出版规划，感谢国家出版基金规划管理办公室对本项目的支持，感谢为全书的编撰而付出努力的每位匠人、专家、学者和绘图人员。

纪亮

2020年12月

目　　录

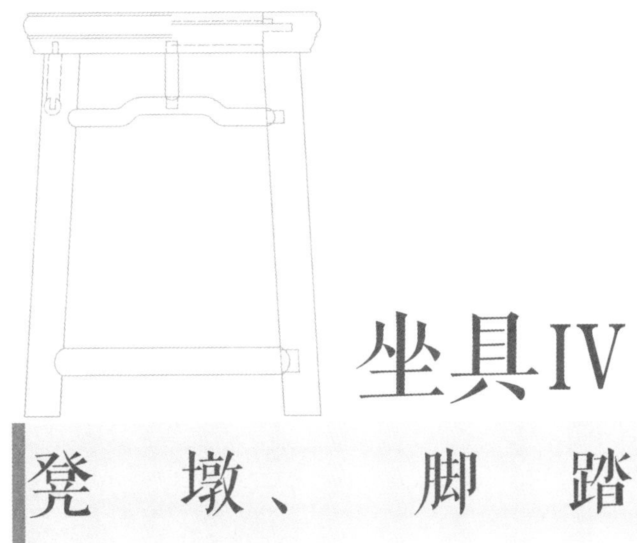

坐具IV

凳墩、脚踏

罗锅枨加矮老方凳

材质：黄花梨

年款：明

整体外观（效果图 1）

1. 器形点评

此凳凳面为正方形，四边攒框打槽，中装藤屉。凳面之下束腰打洼。四腿为方材，直下，足端内翻马蹄足。四腿上端安罗锅枨，枨上装矮老。此方凳造型简洁，结实耐用，是一件外形美观、实用性很强的坐具。

2. CAD 图示

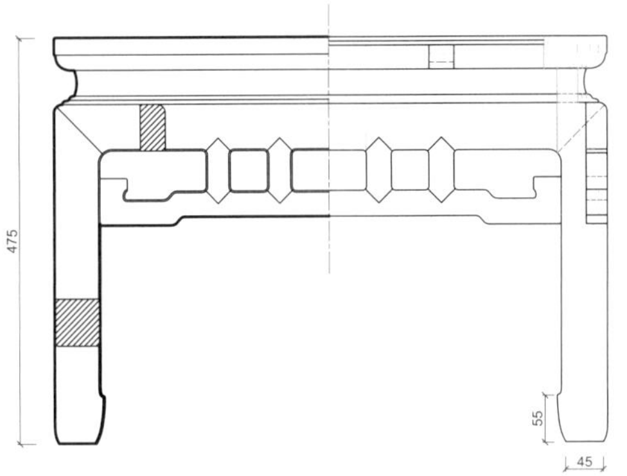

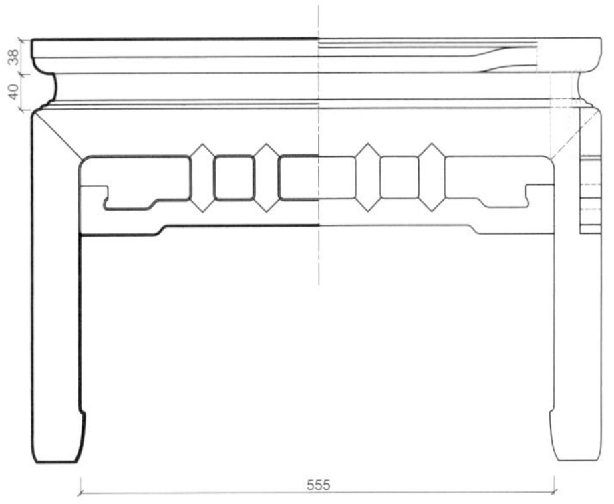

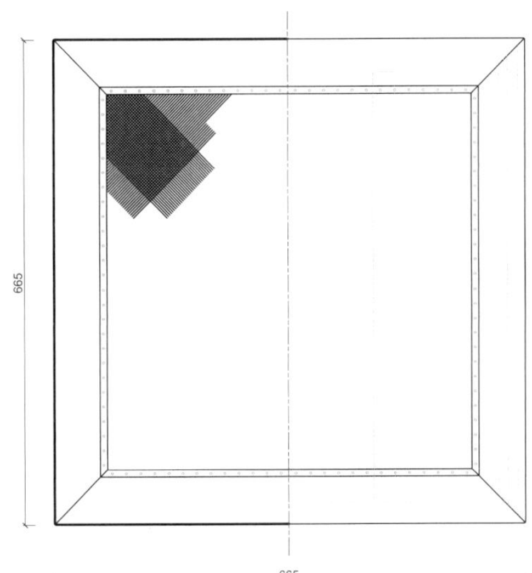

三视结构（CAD 图 1）

说明：在家具的测量和绘制过程中存在少量国家标准允许的误差；全书计量单位为毫米（mm）。

3. 用材效果

用材效果（材质：紫檀；效果图 2）

用材效果（材质：黄花梨；效果图 3）

用材效果（材质：红酸枝；效果图 4）

4. 结构爆炸

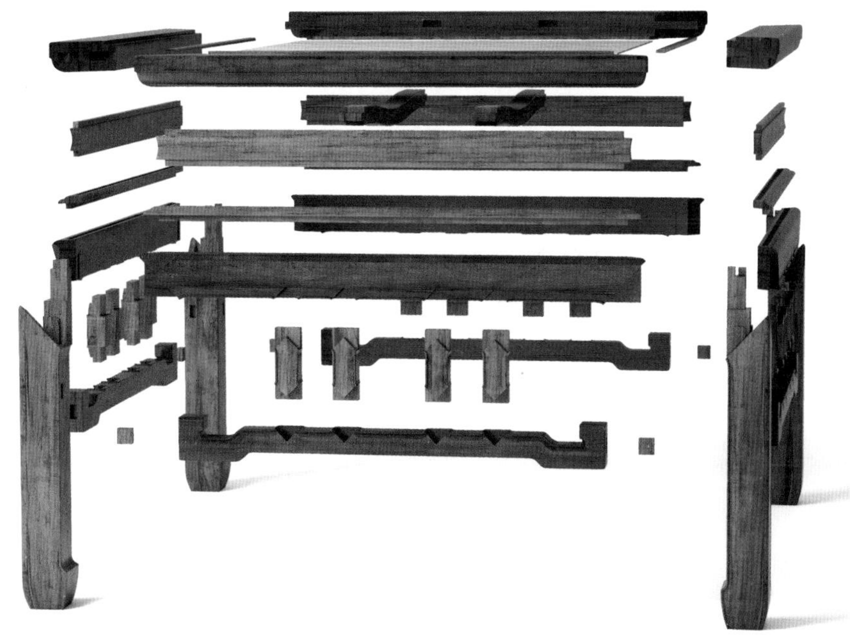

结构爆炸（效果图 5）

5. 部件示意

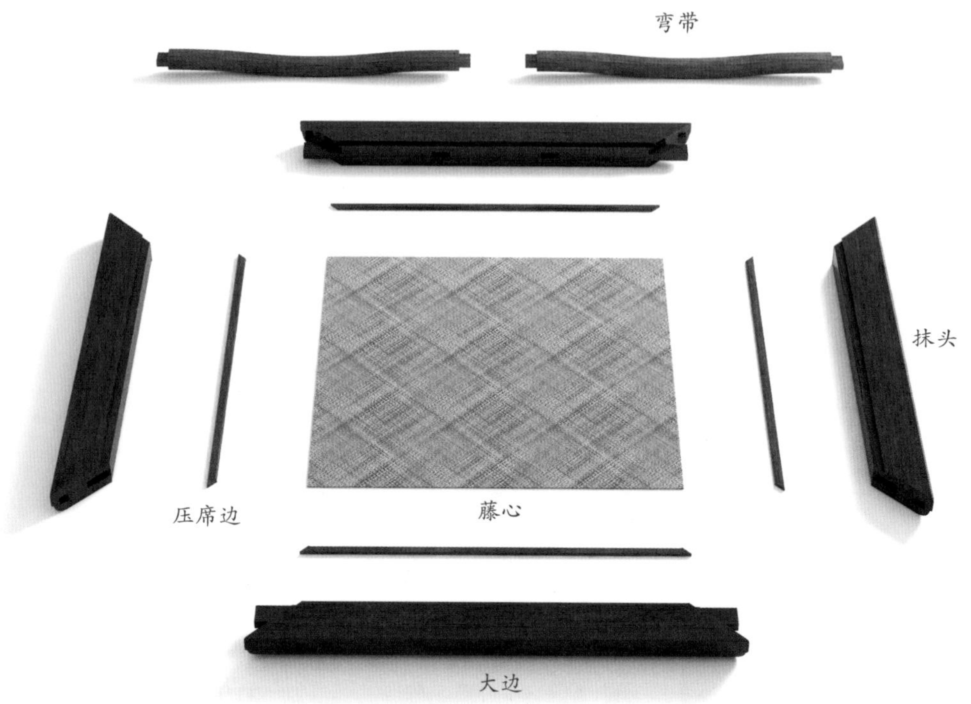

部件示意—座面（效果图 6）

部件示意—腿子（效果图 7）

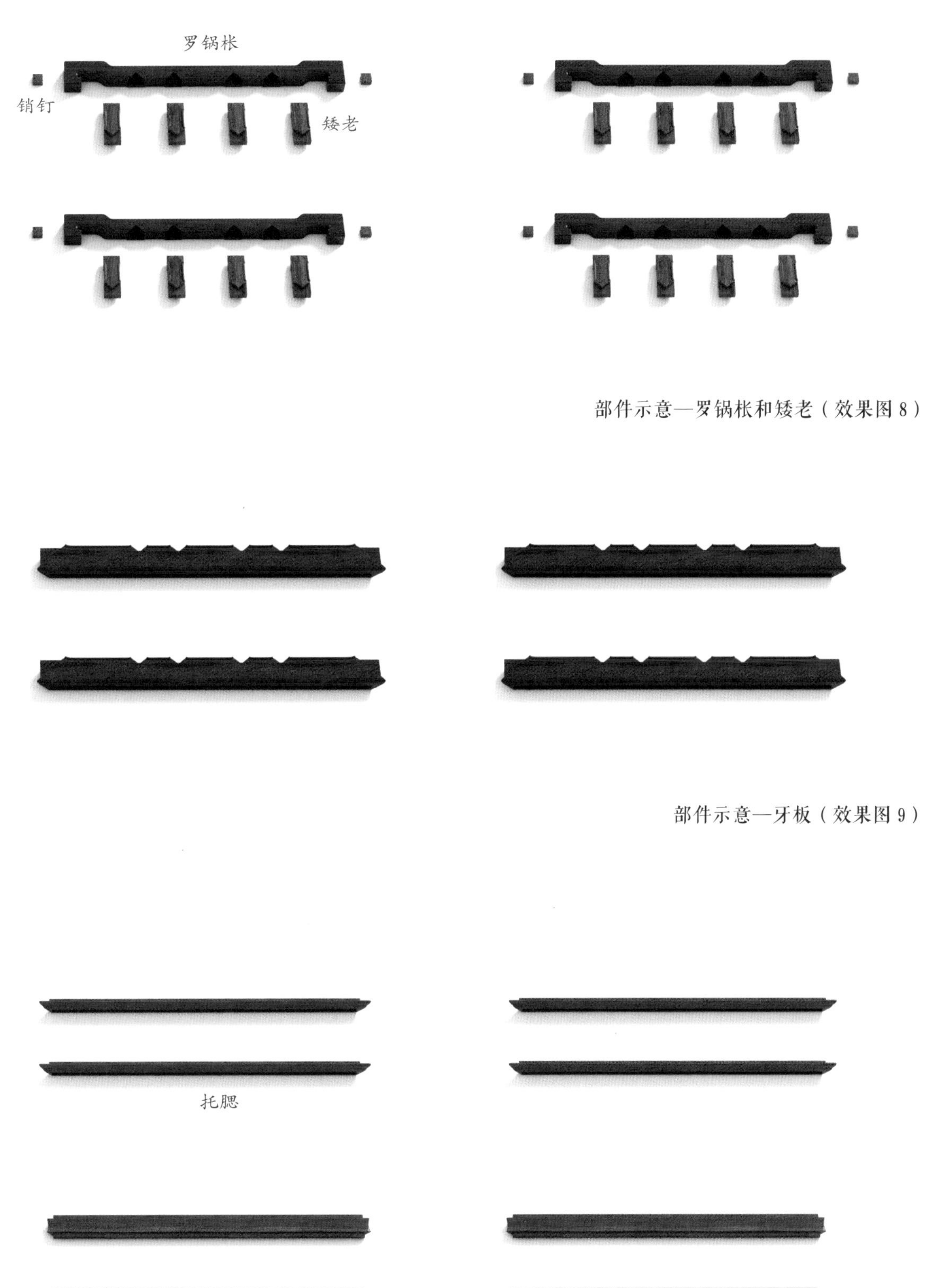

部件示意—罗锅枨和矮老（效果图 8）

部件示意—牙板（效果图 9）

部件示意—束腰和托腮（效果图 10）

6. 细部详解

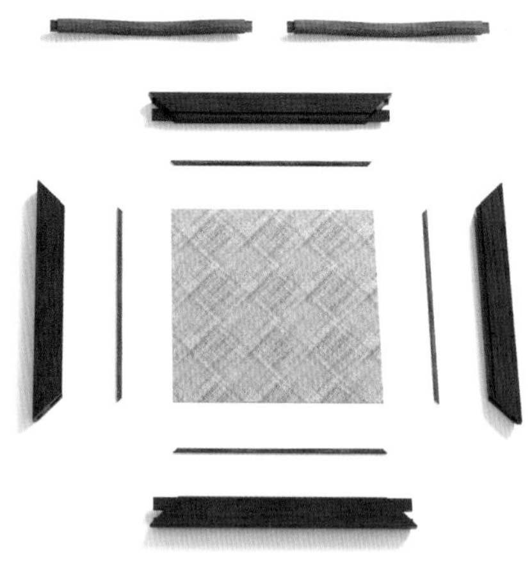

细部效果—座面（效果图 11）

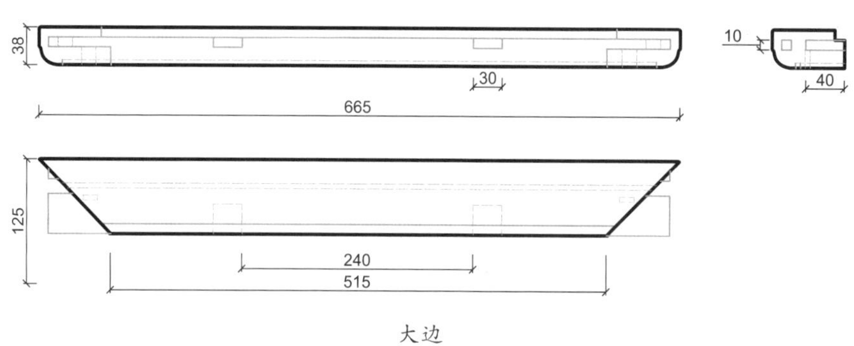

大边

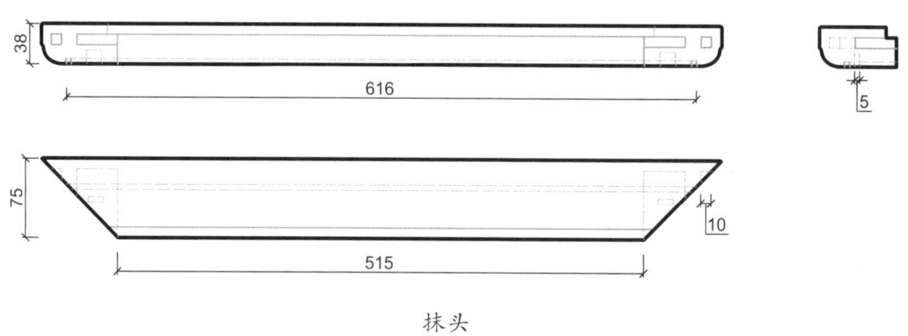

抹头

藤心

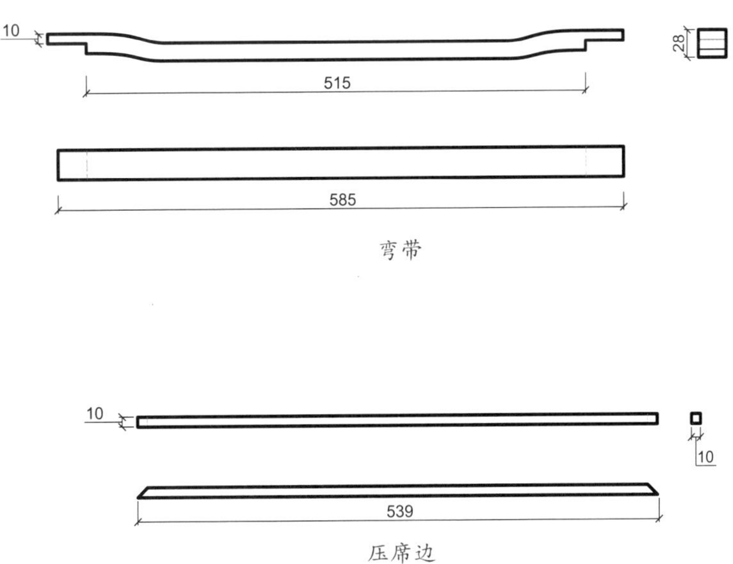

弯带

压席边

细部结构—座面（CAD 图 2 ~图 6）

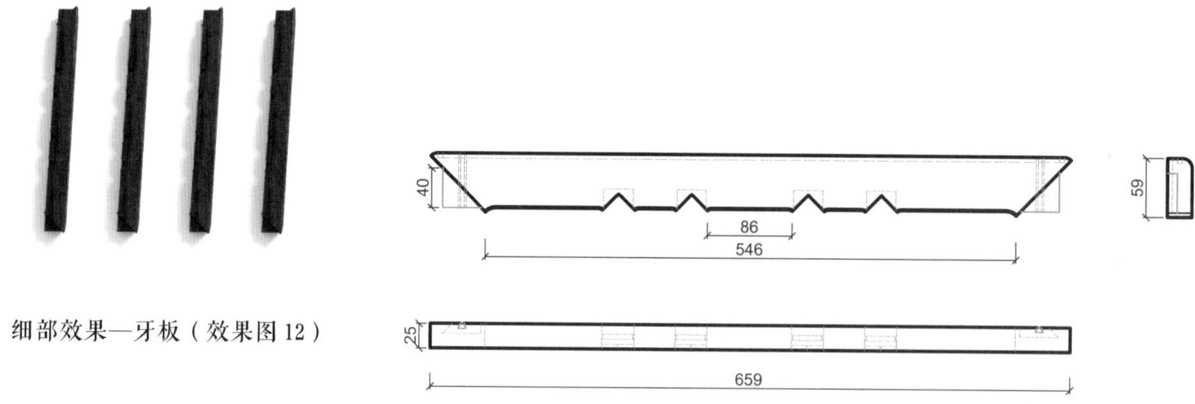

细部效果—牙板（效果图 12）

细部结构—牙板（CAD 图 7）

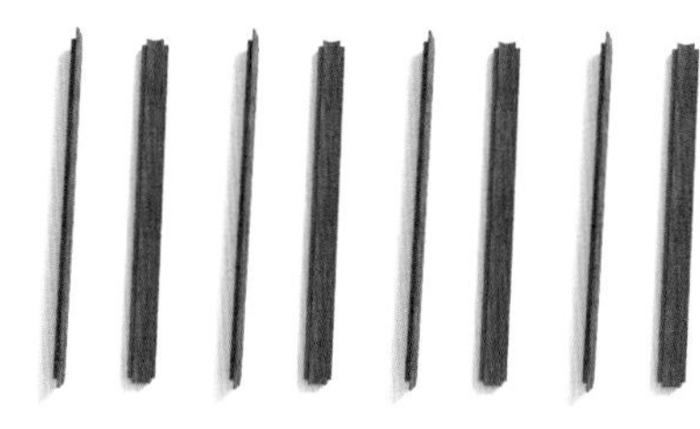

细部效果—束腰和托腮（效果图 13）

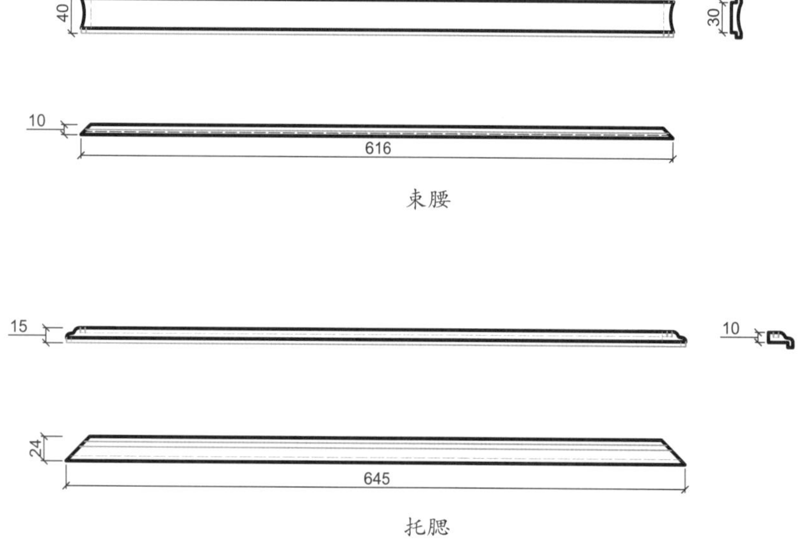

细部结构—束腰和托腮（CAD 图 8 ~ 图 9）

细部效果—罗锅枨和矮老（效果图 14）

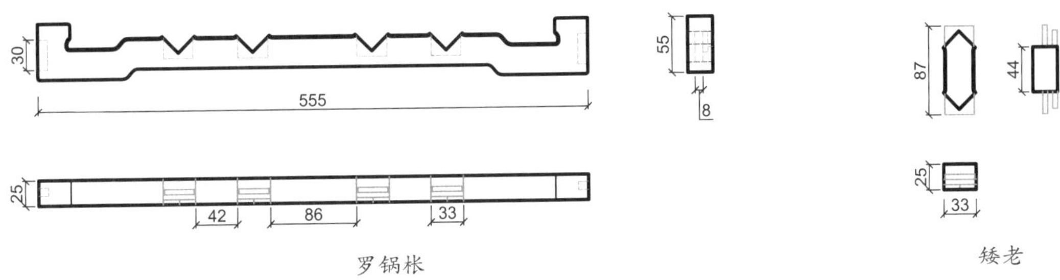

细部结构—罗锅枨和矮老（CAD 图 10 ～图 11）

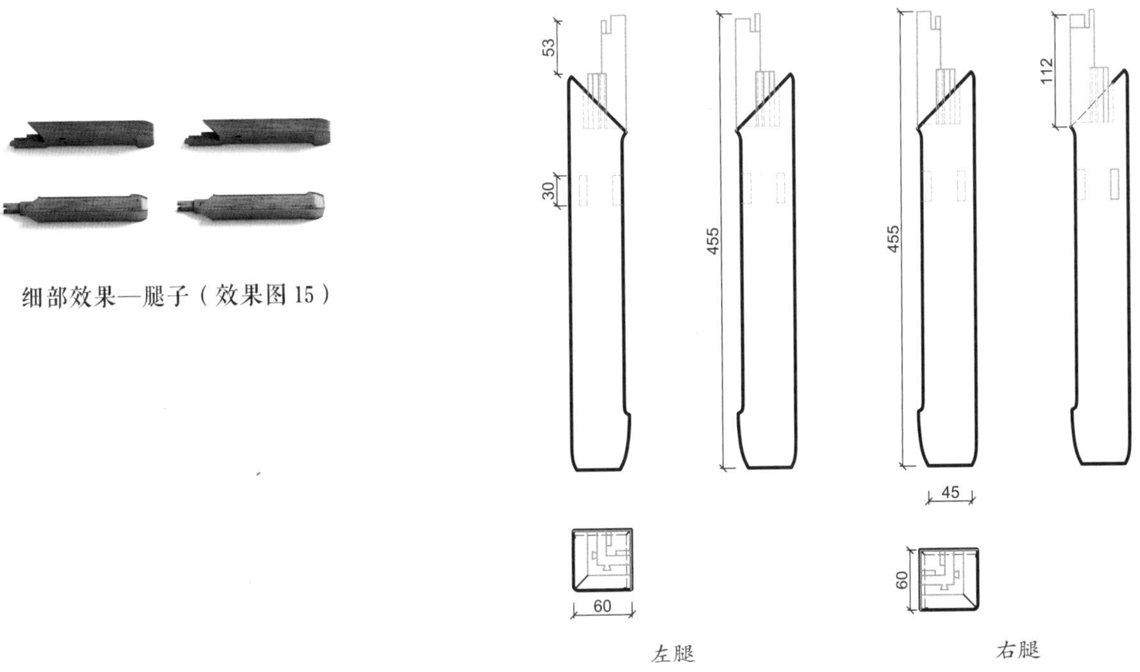

细部效果—腿子（效果图 15）

细部结构—腿子（CAD 图 12 ～图 13）

直牙板藤心长方凳

材质：黄花梨

年款：明

整体外观（效果图1）

1. 器形点评

此凳凳面为长方形，四边攒框打槽，中装藤屉。凳面之下有直牙板直牙头，牙头处有委角。四腿为方材，直下，略外展。腿子和牙子边沿都起皮条线。腿子之间正面安单横枨，侧面安双横枨。此方凳造型简洁，线条方正。

2. CAD 图示

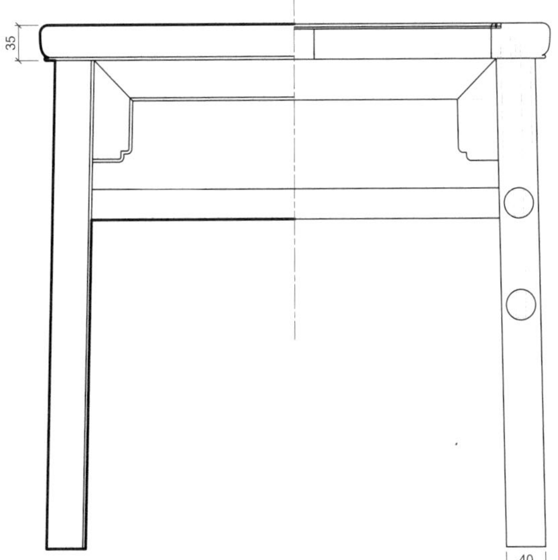

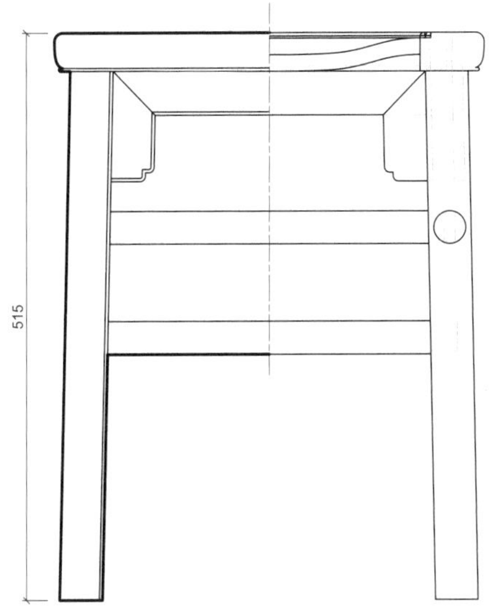

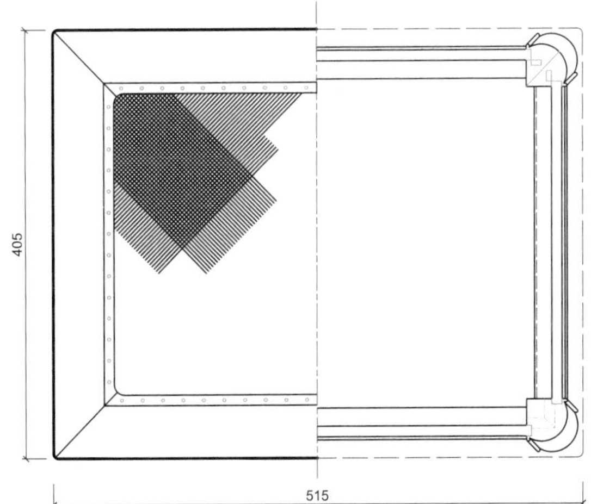

三视结构（CAD 图 1）

3. 用材效果

用材效果（材质：紫檀；效果图 2）

用材效果（材质：黄花梨；效果图 3）

用材效果（材质：红酸枝；效果图 4）

4. 结构爆炸

结构爆炸（效果图5）

5. 部件示意

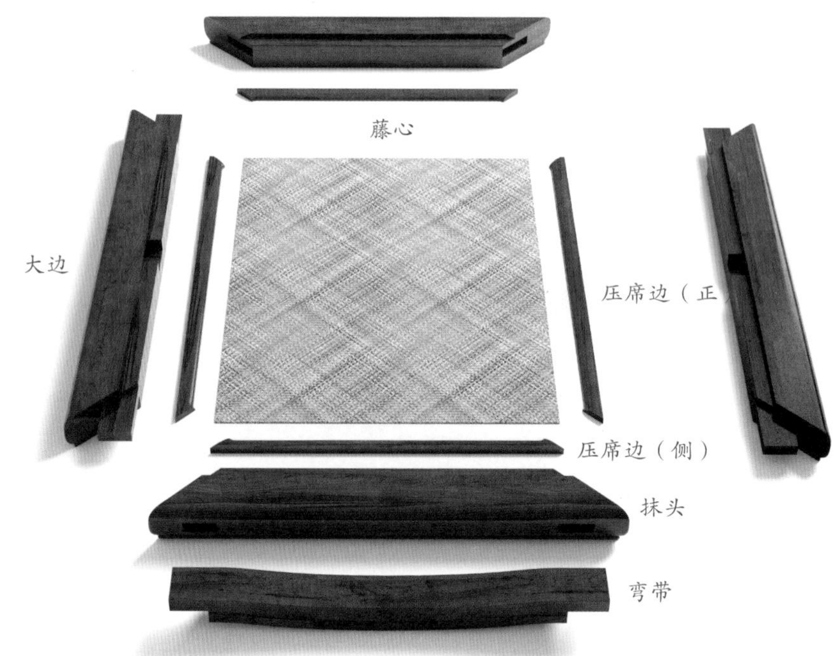

部件示意—座面（效果图 6）

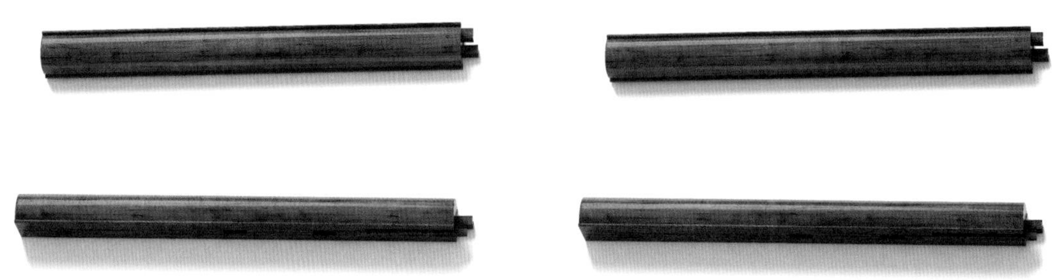

部件示意—腿子（效果图 7）

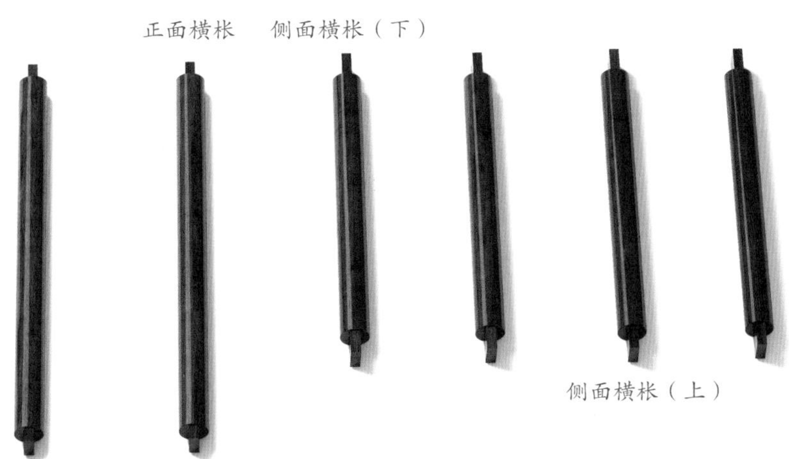

部件示意—横枨（效果图 8）

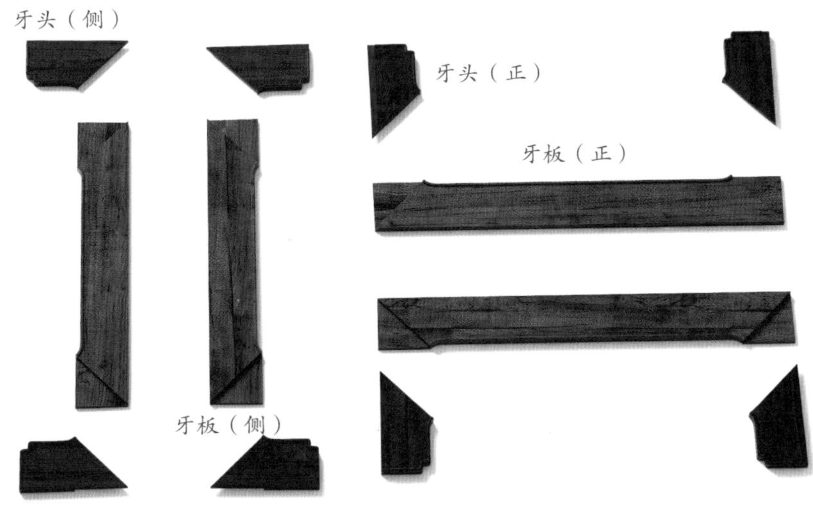

部件示意—牙子（效果图 9）

6. 细部详解

细部效果—座面（效果图 10）

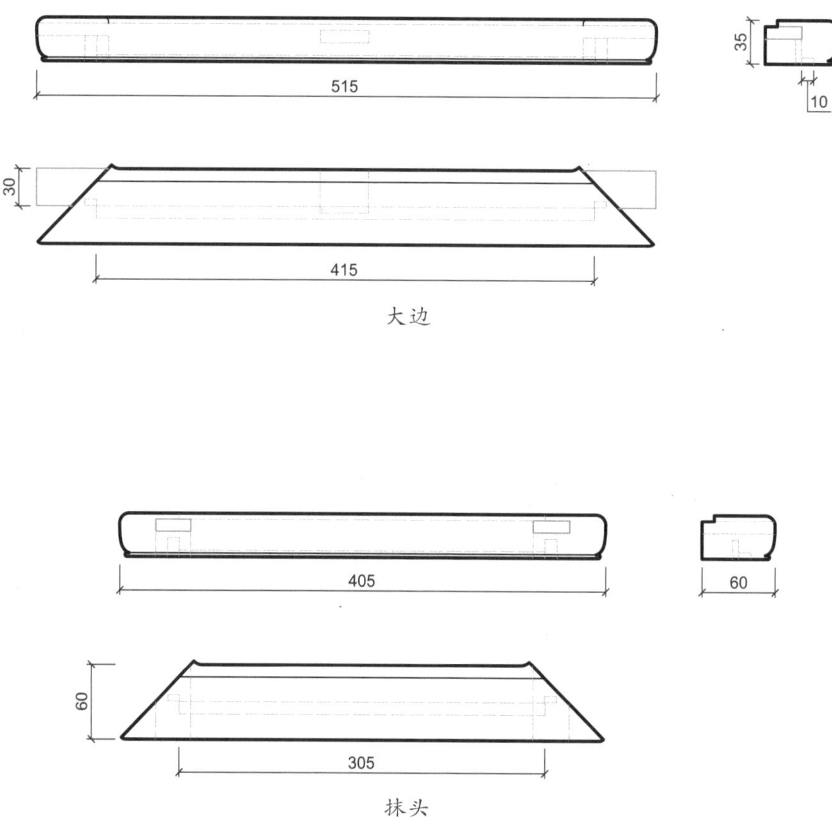

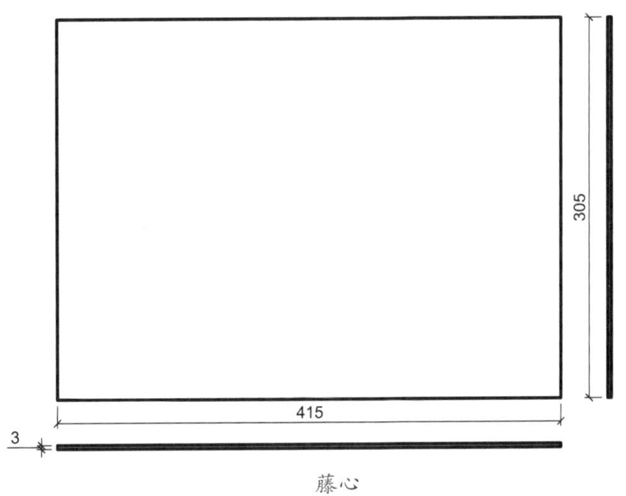

藤心

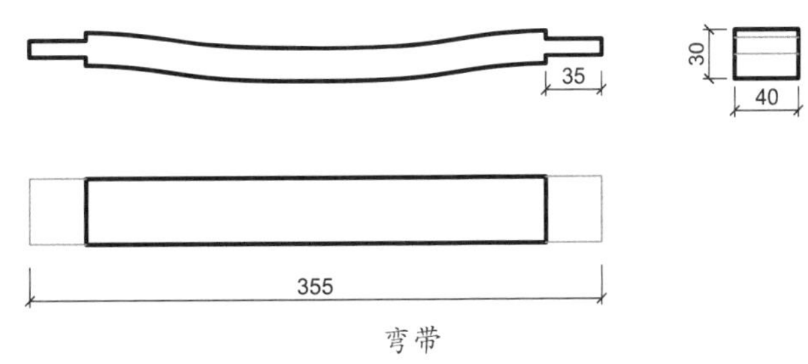

弯带

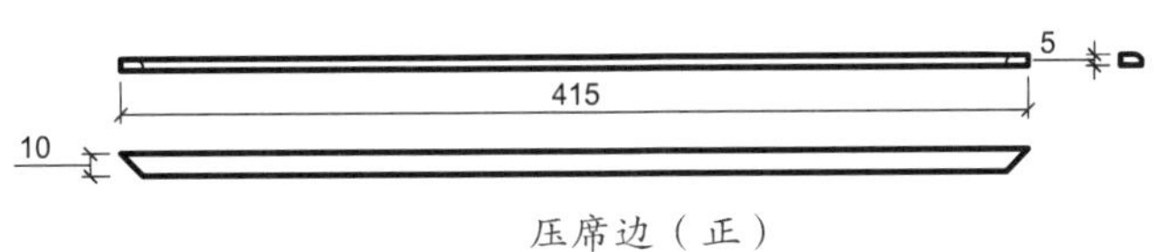

压席边（正）

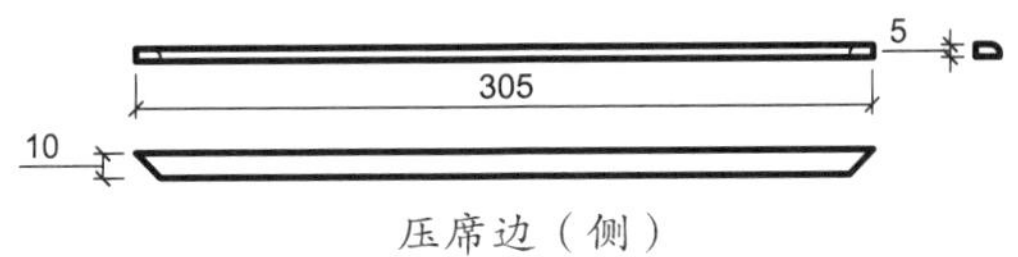

压席边（侧）

细部结构—座面（CAD 图 2 ~ 图 7）

细部效果—牙子（效果图 11）

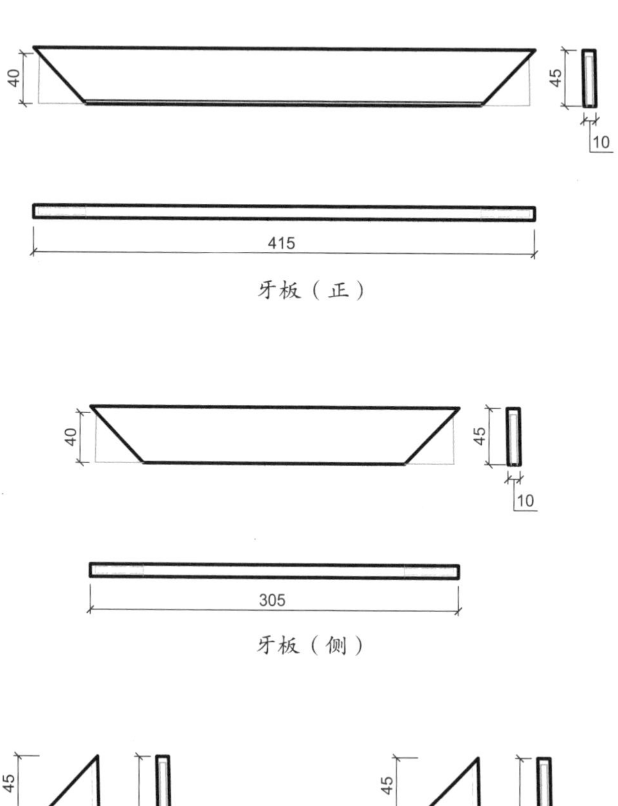

牙板（正）

牙板（侧）

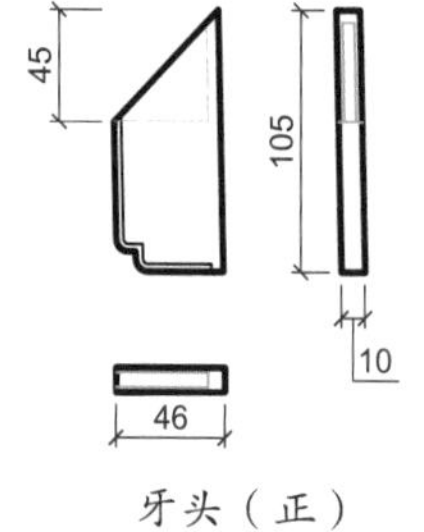

牙头（正）

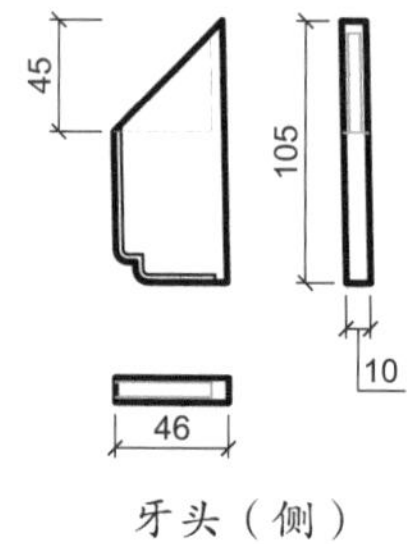

牙头（侧）

细部结构—牙子（CAD 图 8 ~图 11）

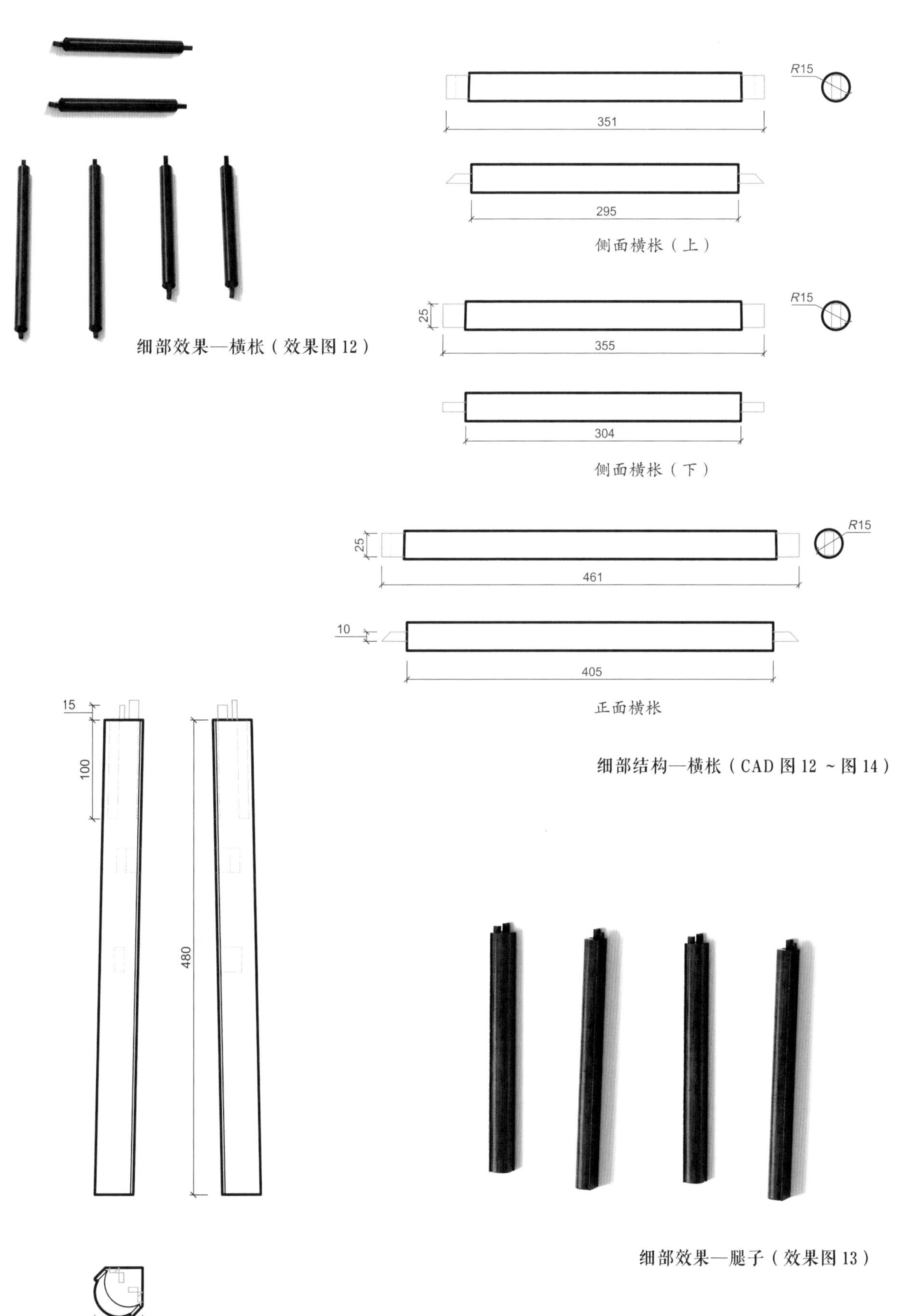

细部效果—横枨（效果图 12）

细部结构—横枨（CAD 图 12 ~ 图 14）

细部效果—腿子（效果图 13）

细部结构—腿子（CAD 图 15）

鼓腿彭牙罗锅枨方凳

材质：红酸枝

年款：明

整体外观（效果图1）

1. 器形点评

此凳凳面为正方形，攒边打槽装藤心。凳面有束腰，束腰下牙板略微外膨，与腿子交圈，起皮条线。四腿粗壮，足端为小马蹄足。四腿之间以罗锅枨相连。此方凳古朴大方，端庄优雅。

2. CAD 图示

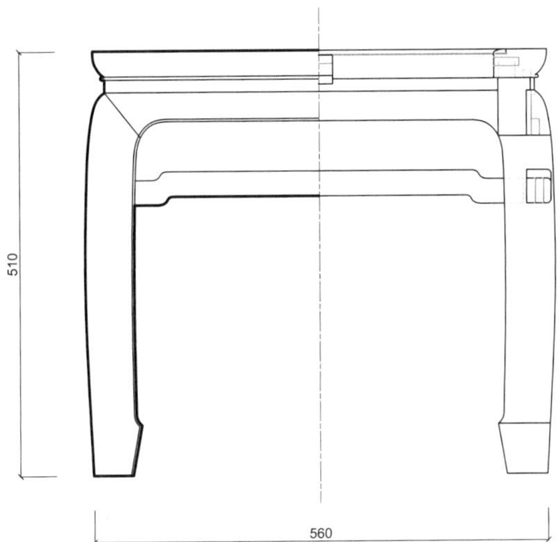

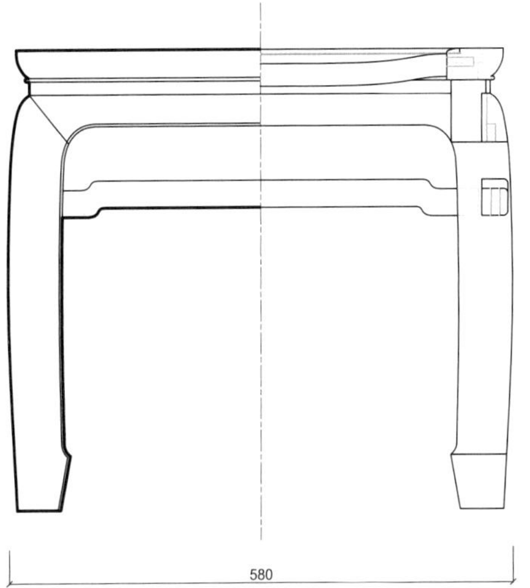

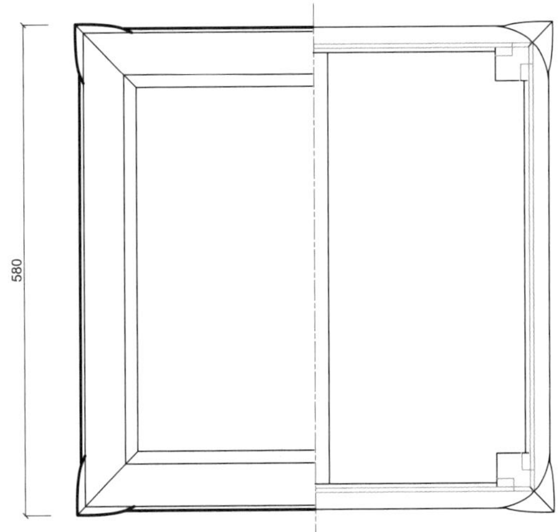

三视结构（CAD 图 1）

3. 用材效果

用材效果（材质：紫檀；效果图 2）

用材效果（材质：黄花梨；效果图 3）

用材效果（材质：红酸枝；效果图 4）

4. 结构爆炸

结构爆炸（效果图 5）

5. 部件示意

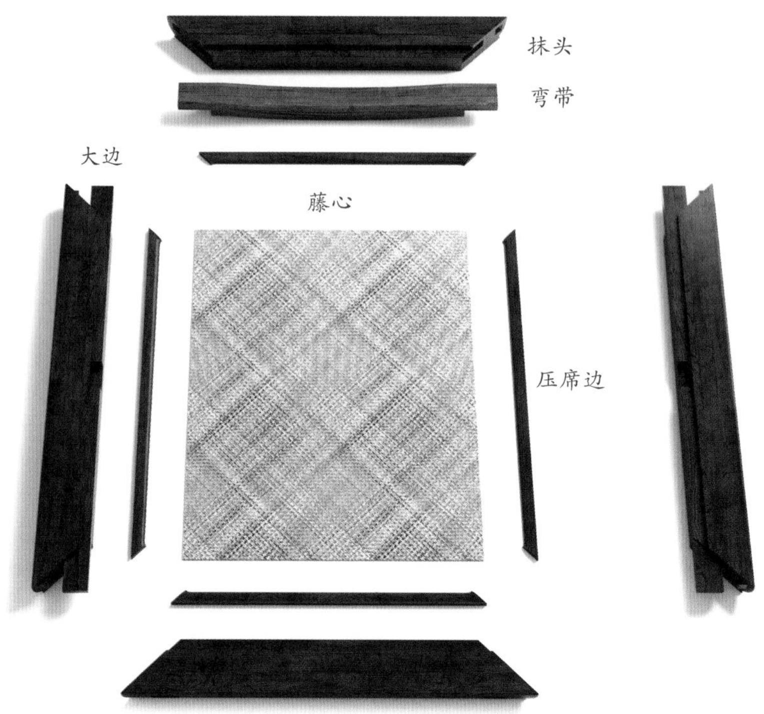

部件示意—座面（效果图 6）

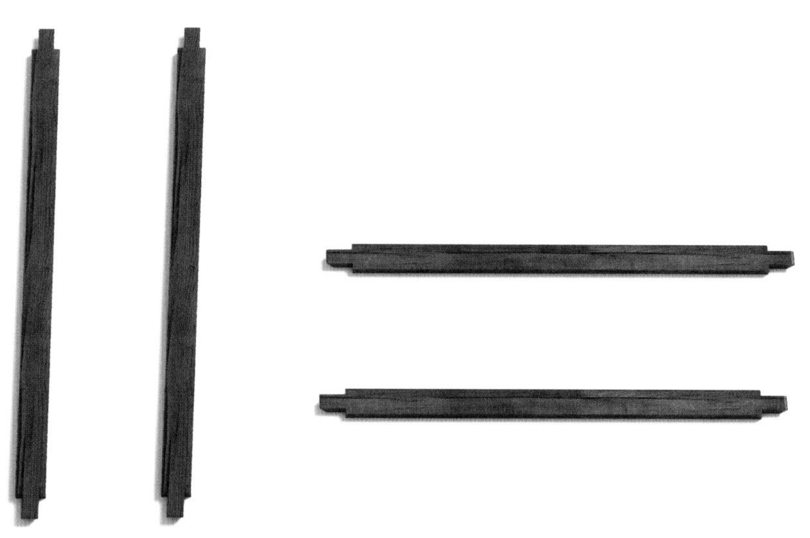

部件示意—束腰（效果图 7）

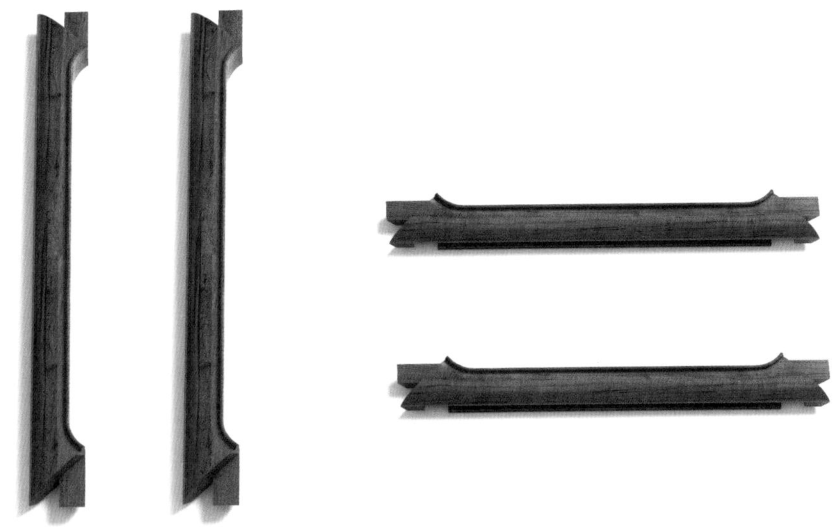

部件示意—牙板（效果图 8）

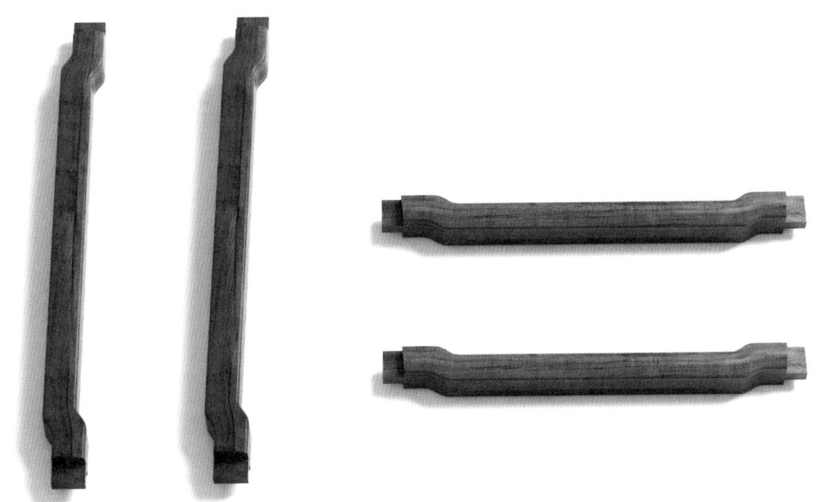

部件示意—罗锅枨（效果图 9）

部件示意—腿子（效果图 10）

6. 细部详解

细部效果—座面（效果图 11）

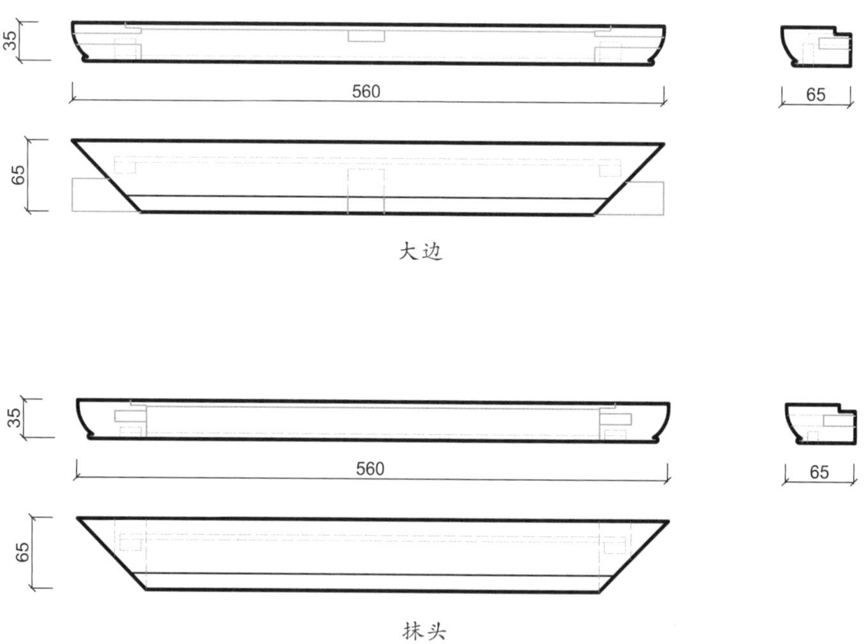

藤心

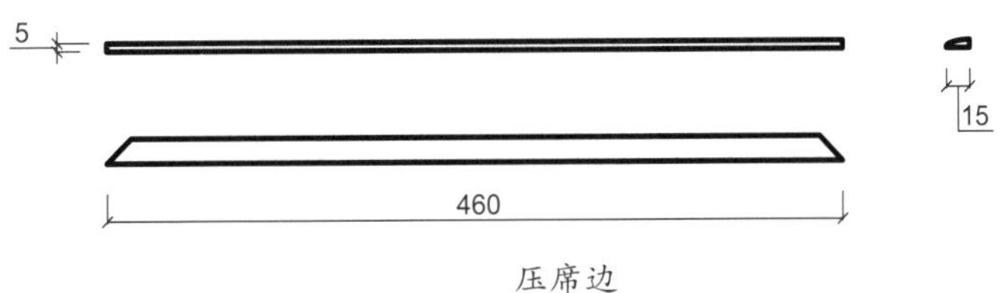

压席边

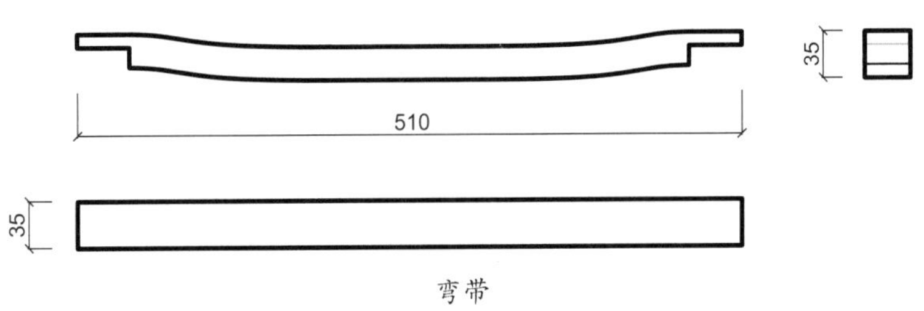

弯带

细部结构—座面（CAD 图 2 ~图 6）

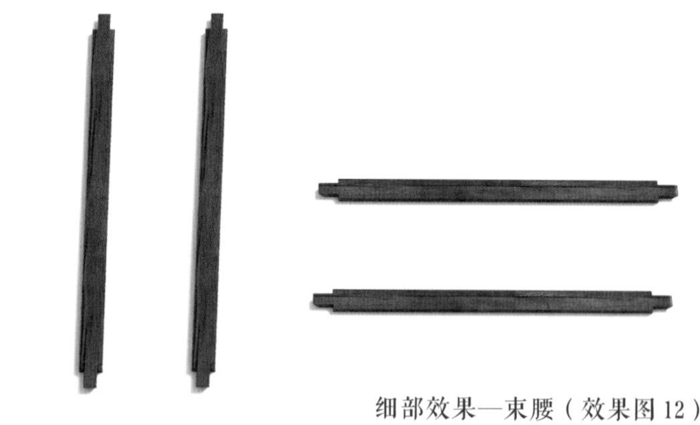
细部效果—束腰（效果图 12）

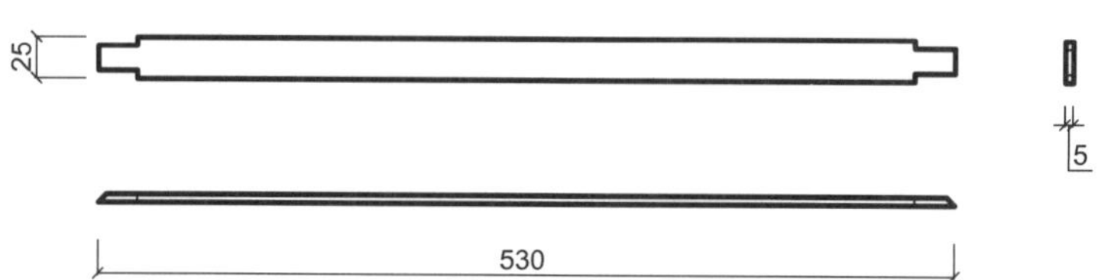

细部结构—束腰（CAD 图 7）

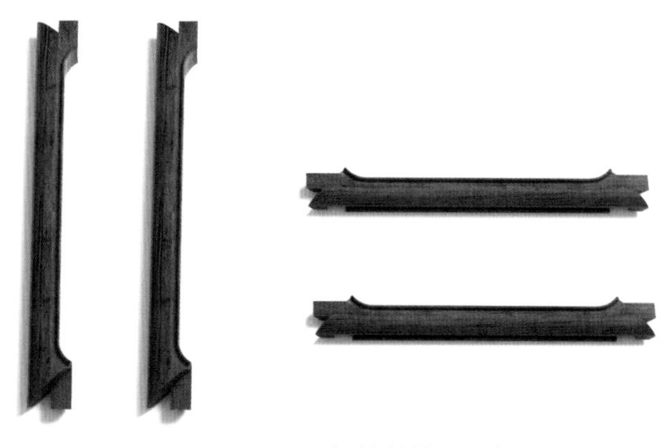
细部效果—牙板（效果图 13）

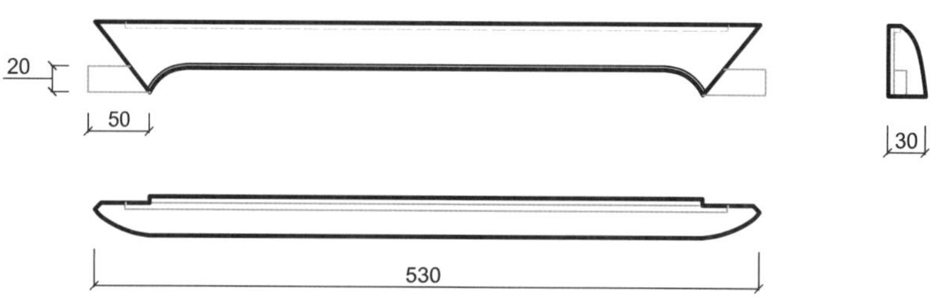

细部结构—牙板（CAD 图 8）

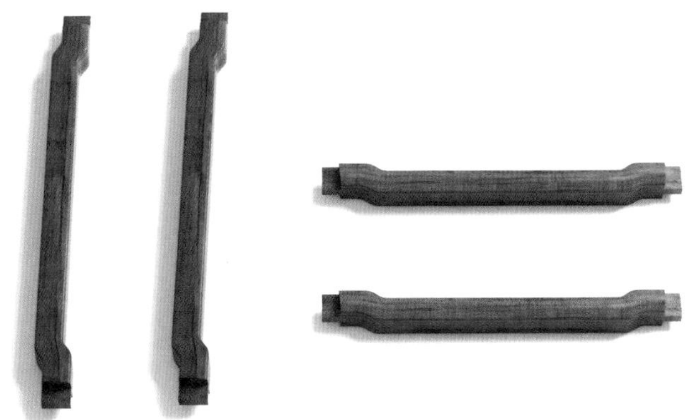

细部效果—罗锅枨（效果图 14）

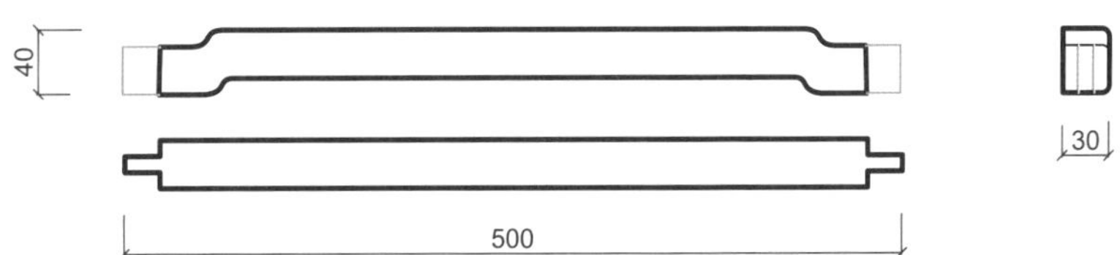

细部结构—罗锅枨（CAD 图 9）

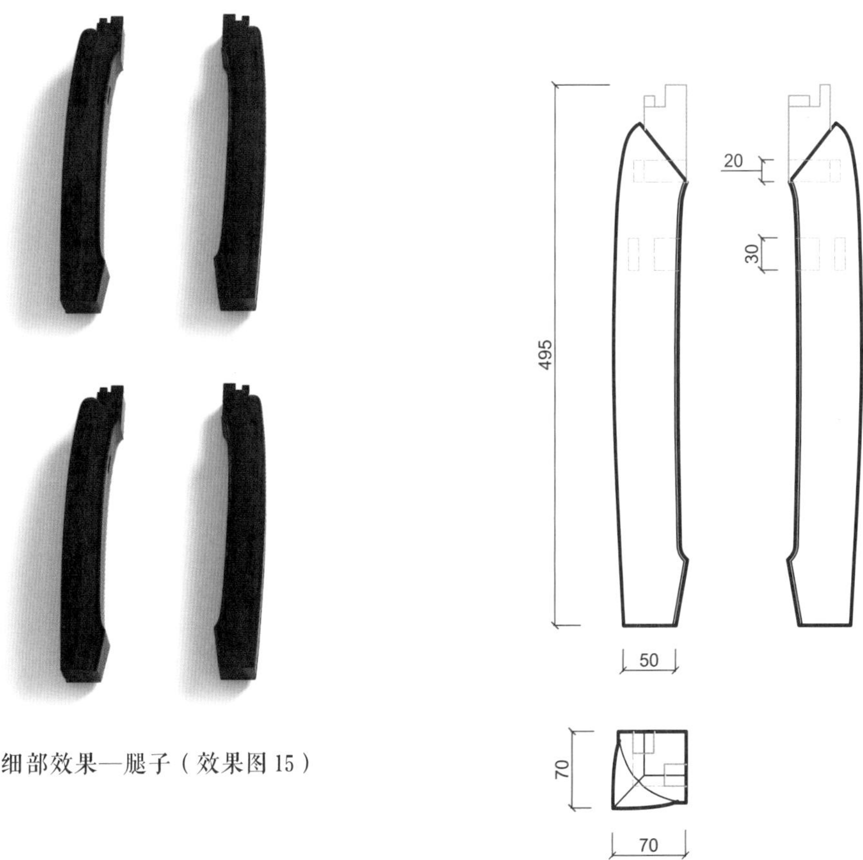

细部效果—腿子（效果图 15）

细部结构—腿子（CAD 图 10）

罗锅枨加矮老长方杌

材质：红酸枝

年款：明

整体外观（效果图 1）

1. 器形点评

此杌座面长方形，边沿做成素混面。座面之下四腿为圆材，直落到地，略微外展，形成挓角。四腿上端与座面相接处安有罗锅枨和矮老。此杌整体线条流畅，工艺精湛，装饰无多，唯以灵秀的线脚取胜，是一件工精料细、美观素雅的明式风格家具。

2. CAD 图示

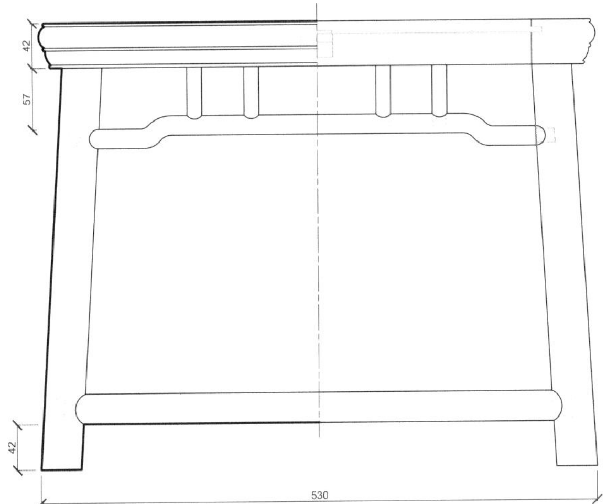

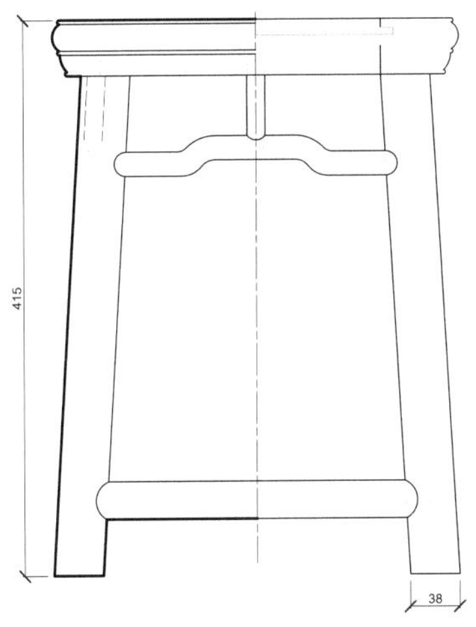

三视结构（CAD 图 1）

3. 用材效果

用材效果（材质：紫檀；效果图 2）

用材效果（材质：黄花梨；效果图 3）

用材效果（材质：红酸枝；效果图 4）

4. 结构爆炸

结构爆炸（效果图5）

5. 部件示意

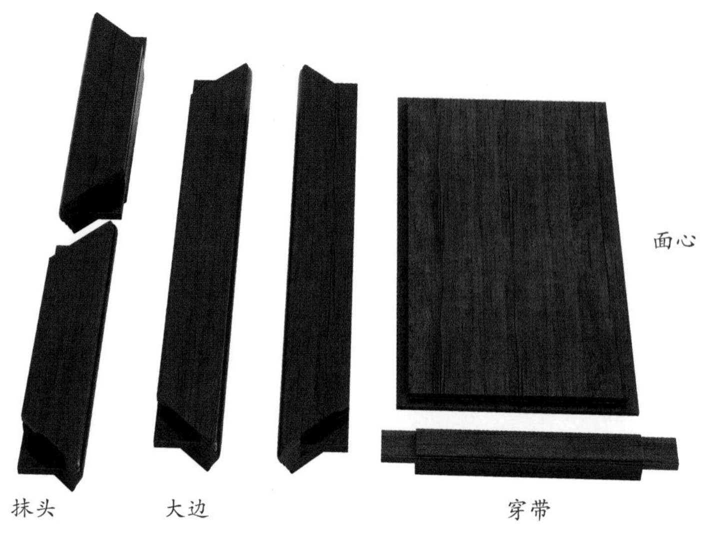

部件示意—座面（效果图 6）

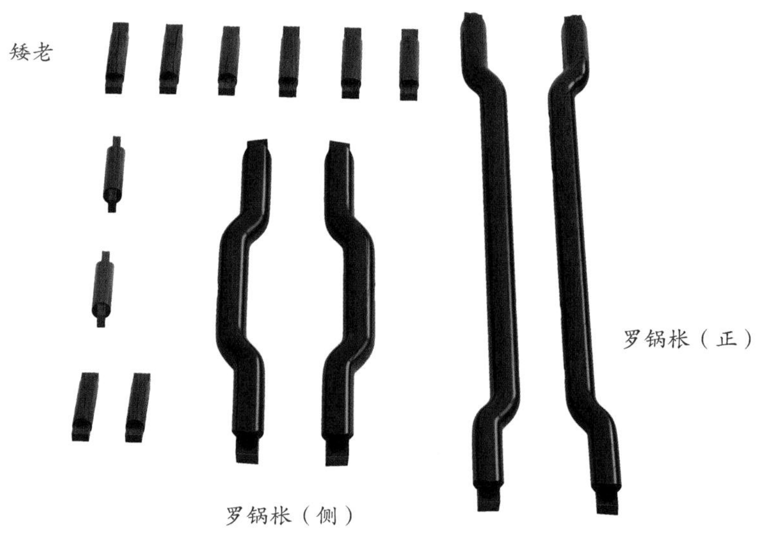

部件示意—罗锅枨和矮老（效果图 7）

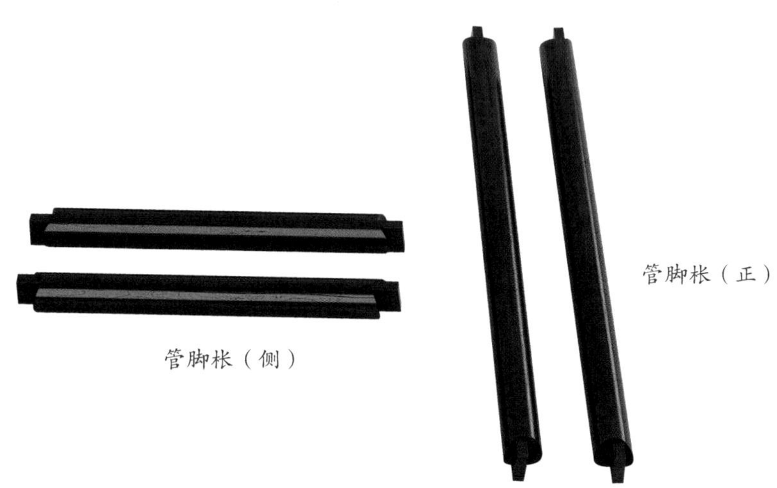

部件示意—管脚枨（效果图 8）

部件示意—腿子（效果图 9）

6. 细部详解

细部效果—座面（效果图 10）

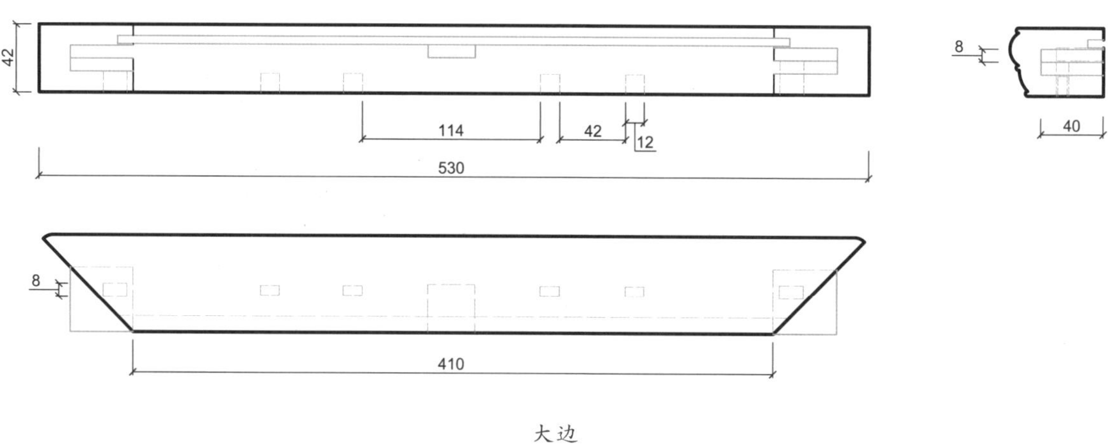

大边

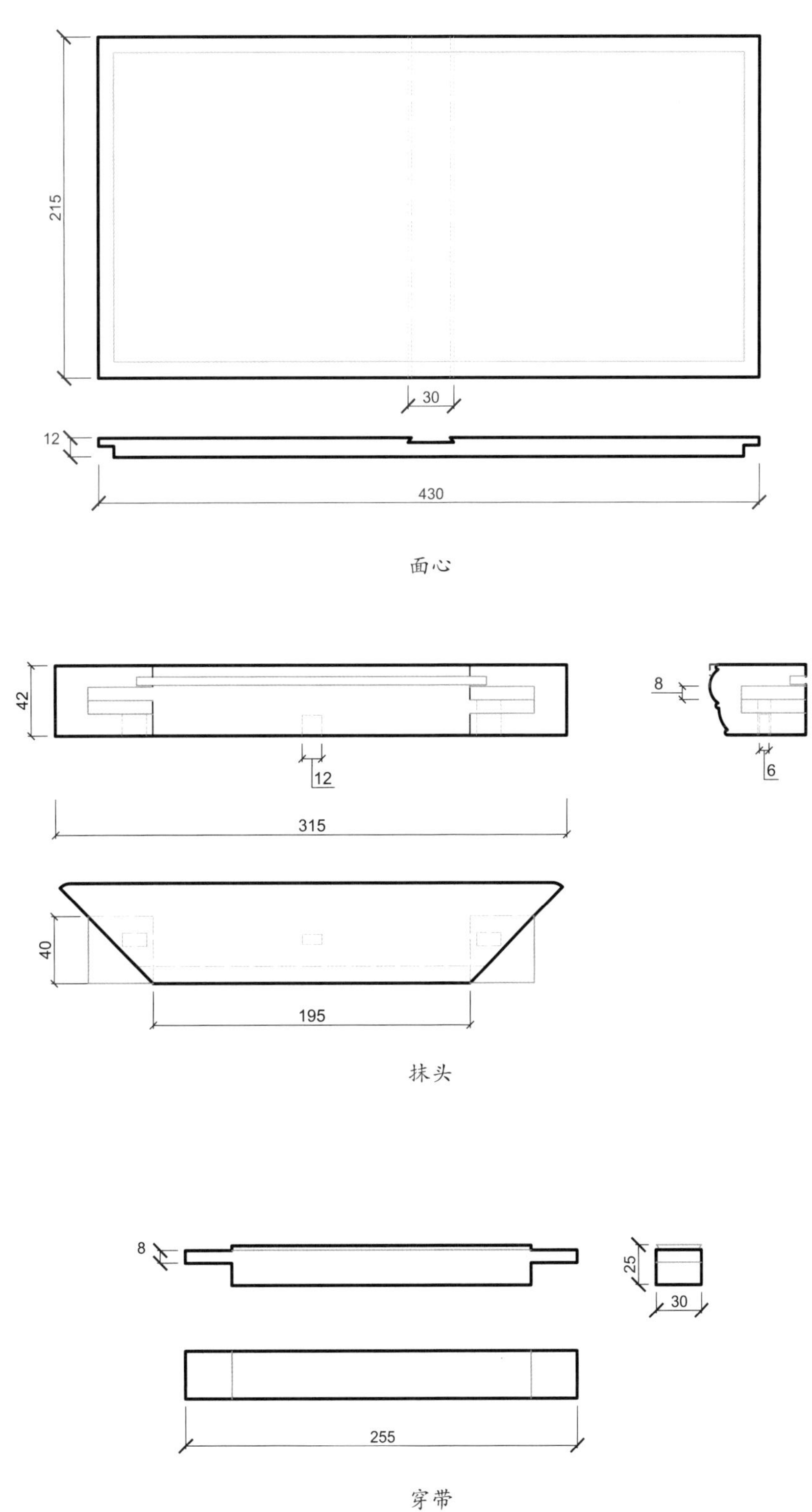

面心

抹头

穿带

细部结构—座面（CAD 图 2 ~ 图 5）

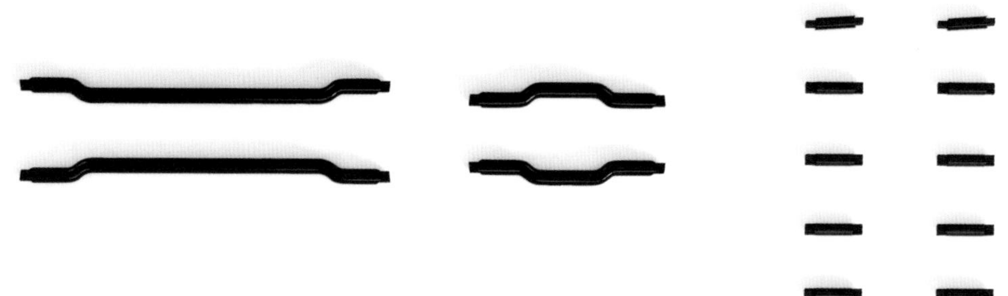

细部效果—罗锅枨和矮老（效果图 11）

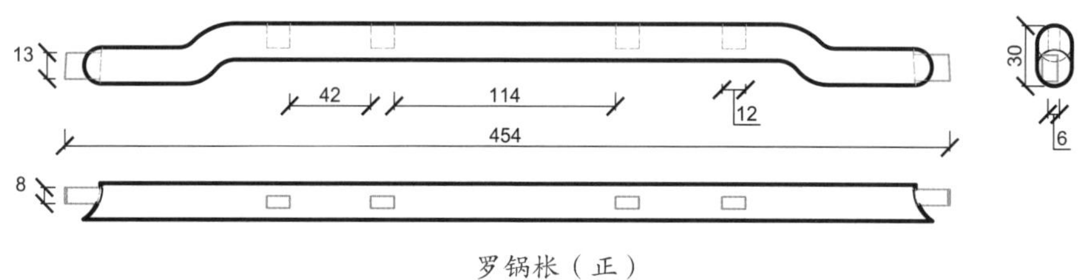

罗锅枨（正）

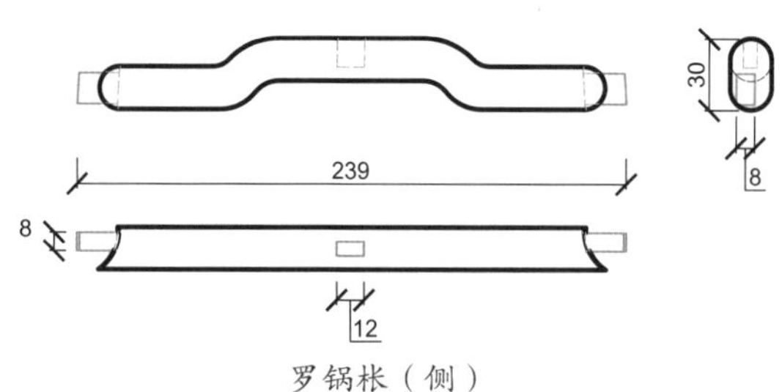

罗锅枨（侧）

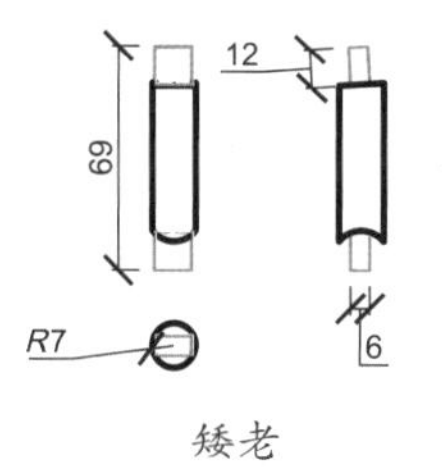

矮老

细部结构—罗锅枨和矮老（CAD 图 6 ~ 图 8）

细部效果—管脚枨（效果图 12）

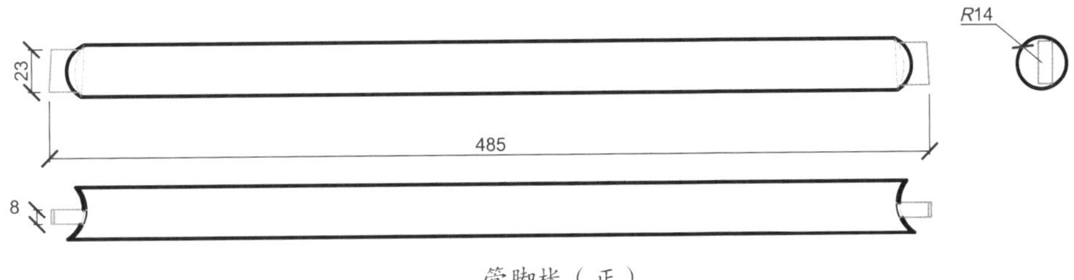

细部结构—管脚枨（CAD 图 9 ~图 10）

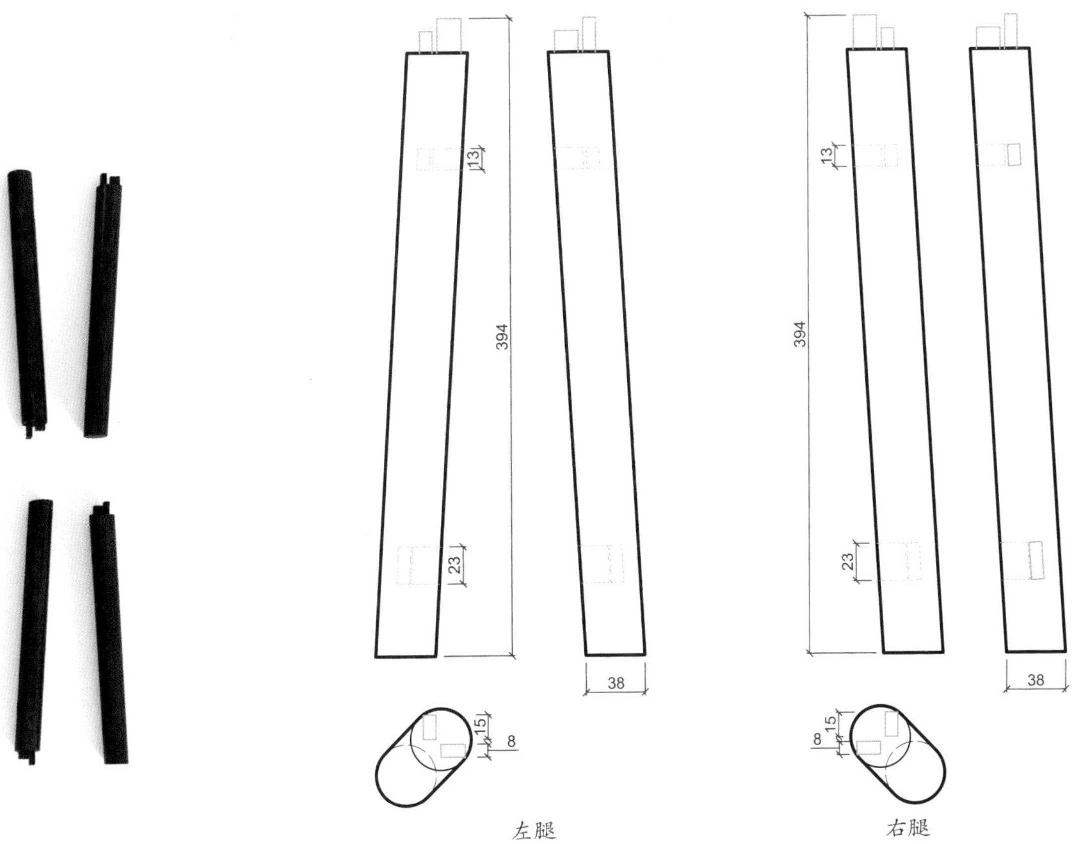

细部效果—腿子（效果图 13）

细部结构—腿子（CAD 图 11 ~图 12）

嵌瓷面竹节纹罗锅枨方凳

材质：黄花梨

年款：清

整体外观（效果图 1）

1. 器形点评

此凳凳面正方形，攒框打槽，中装青花莲纹瓷面心。四腿为多混面劈料做，圆材，直落到地。四腿上部装拱起的罗锅枨，枨上加透雕圆形竹节纹卡子花。此凳在凳面边抹、腿足及罗锅枨上均雕饰竹节纹，有江南竹韵的意趣。

2. CAD 图示

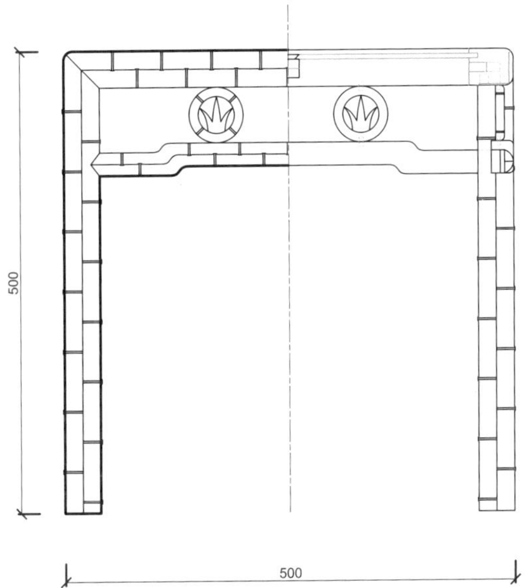

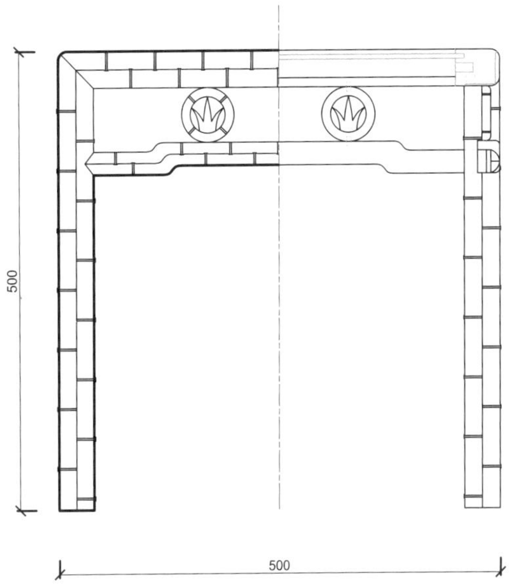

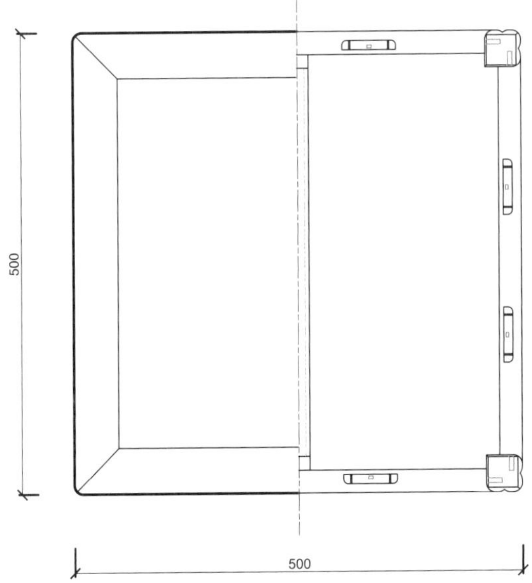

三视结构（CAD 图 1）

3. 用材效果

用材效果（材质：紫檀；效果图 2）

用材效果（材质：黄花梨；效果图 3）

用材效果（材质：红酸枝；效果图 4）

4. 结构爆炸

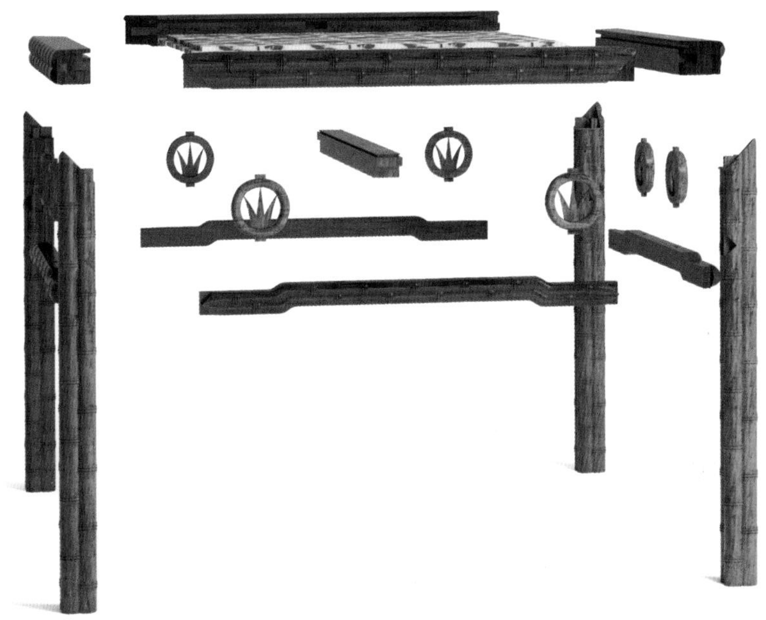

结构爆炸（效果图 5）

5. 部件示意

部件示意—座面（效果图 6）

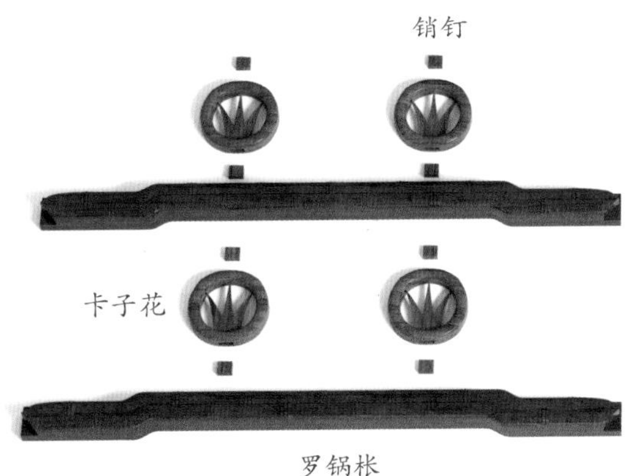

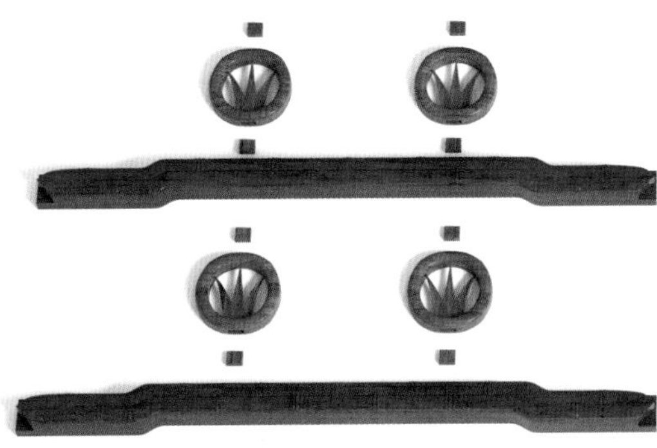

部件示意—罗锅枨和卡子花（效果图 7）

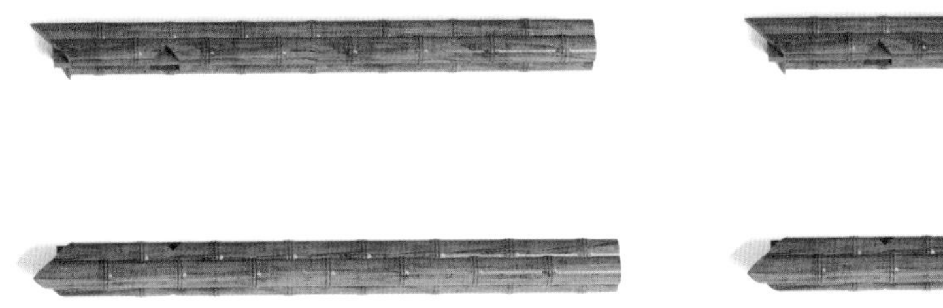

部件示意—腿子（效果图 8）

6. 细部详解

细部效果—座面（效果图 9）

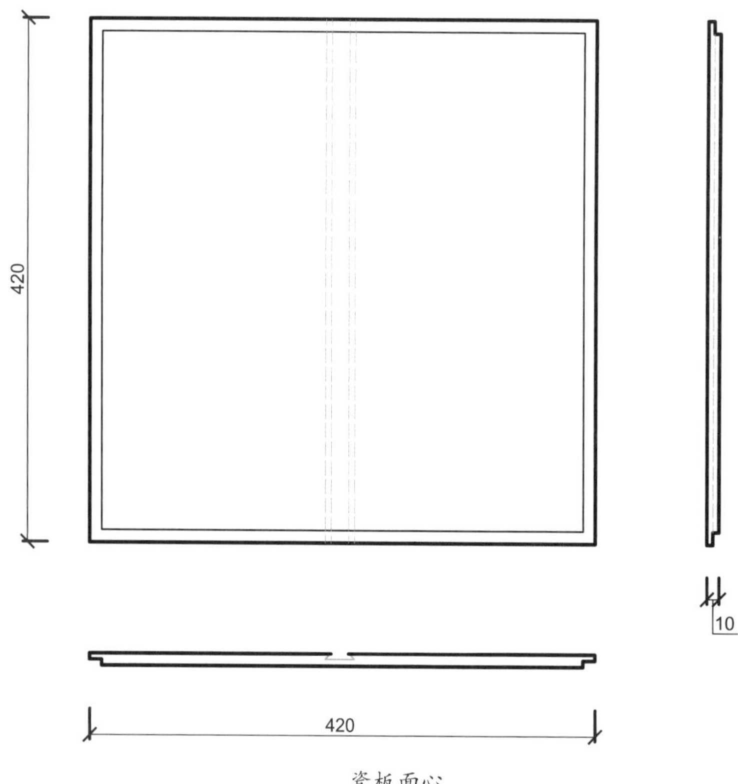

瓷板面心

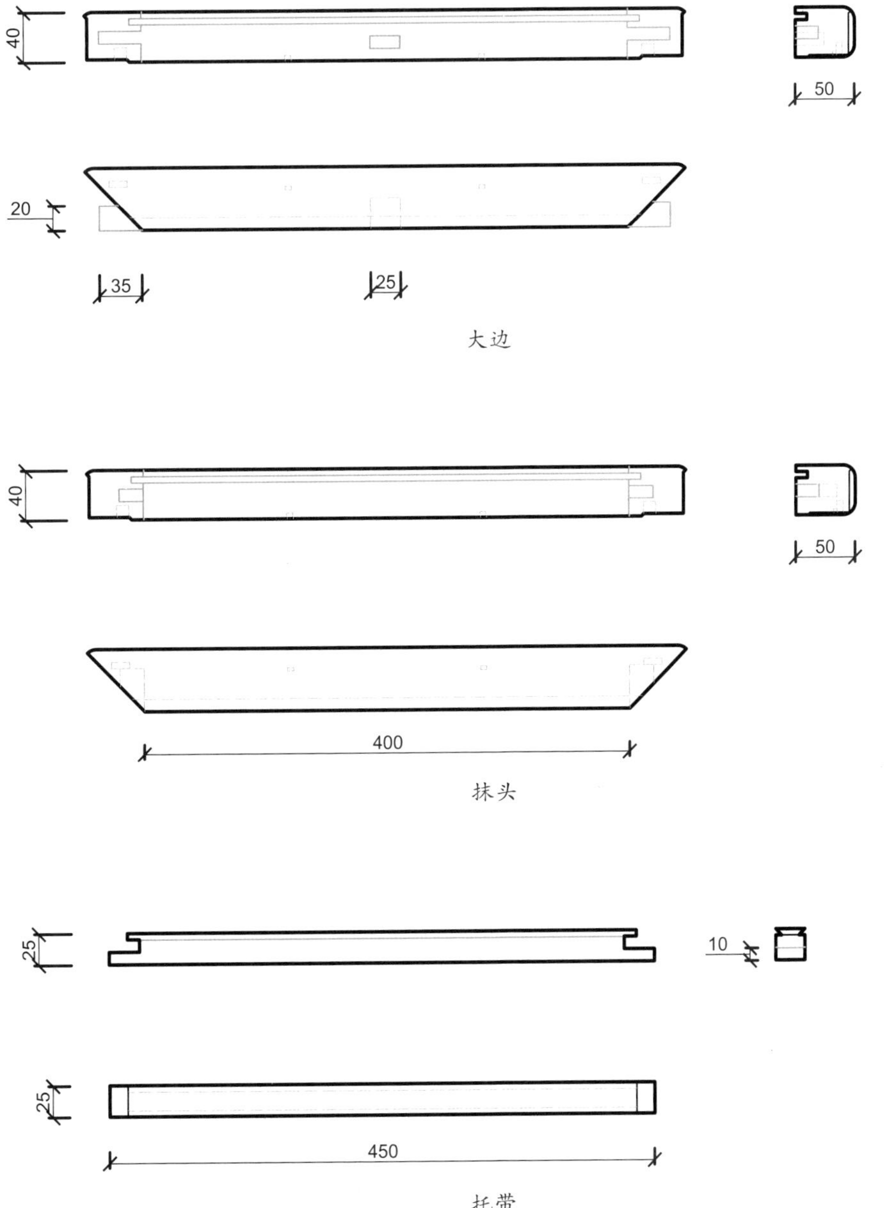

细部结构—座面（CAD 图 2 ~图 5）

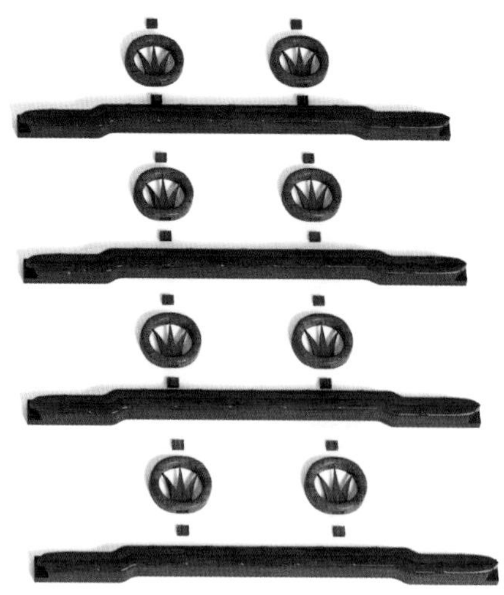

细部效果—罗锅枨和卡子花（效果图10）

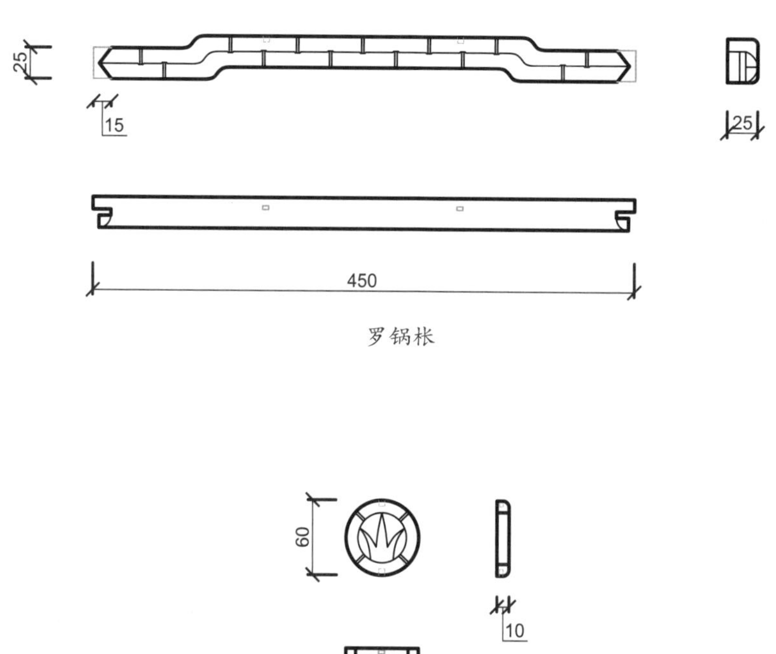

细部结构—罗锅枨和卡子花（CAD图6～图7）

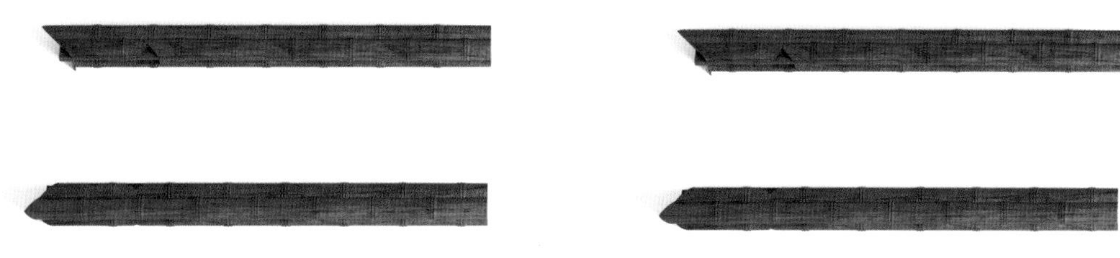

细部效果—腿子（效果图 11）

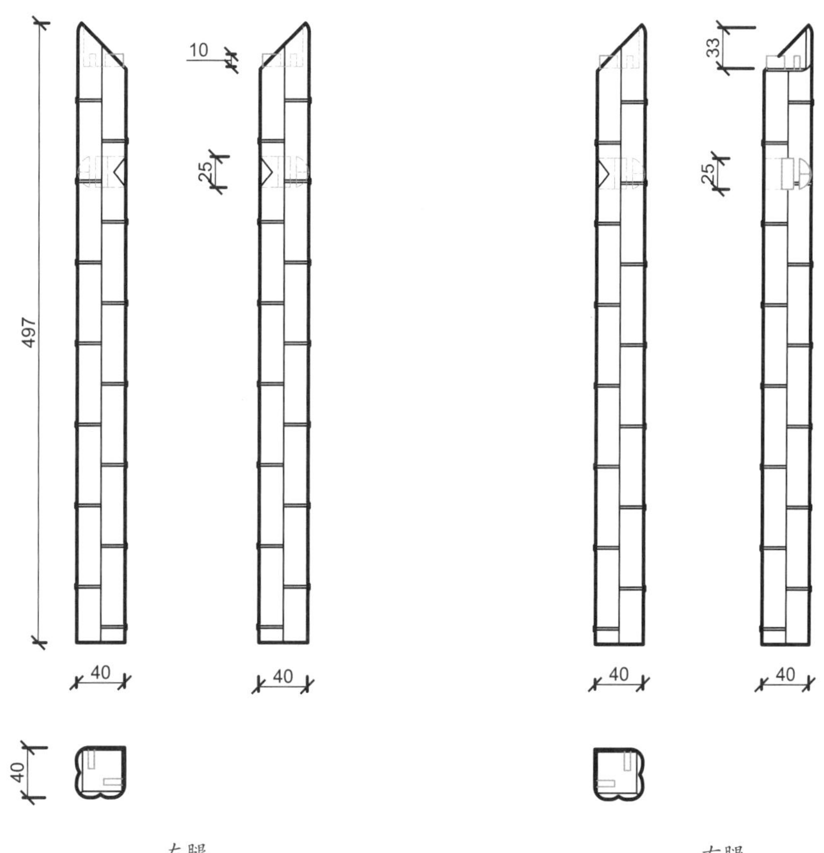

细部结构—腿子（CAD 图 8 ~ 图 9）

拐子纹方凳

材质：紫檀

年款：清

整体外观（效果图 1）

1. 器形点评

此方凳凳面为正方形，平直方正。凳面之下四腿为方材直腿，足端雕内翻回纹马蹄足。四腿上节安透雕拐子纹花牙。此凳做工精湛，方正规整，是一件典型的清式风格家具。

2. CAD 图示

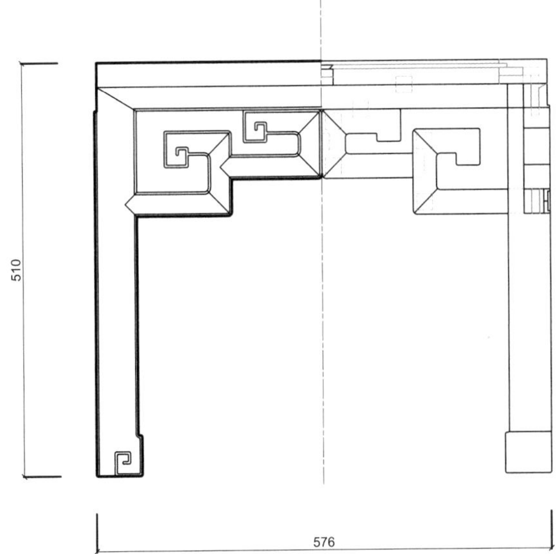

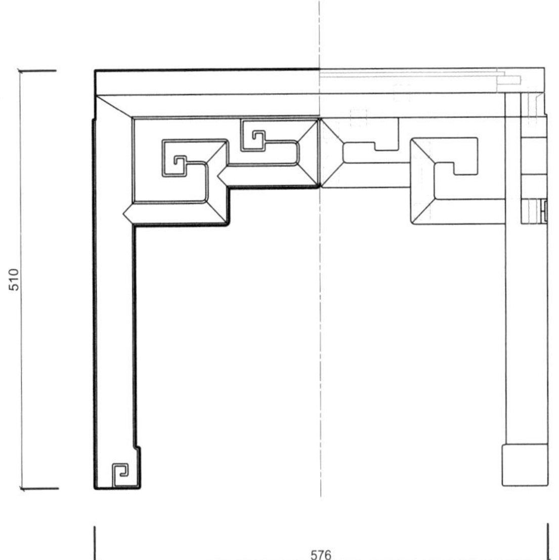

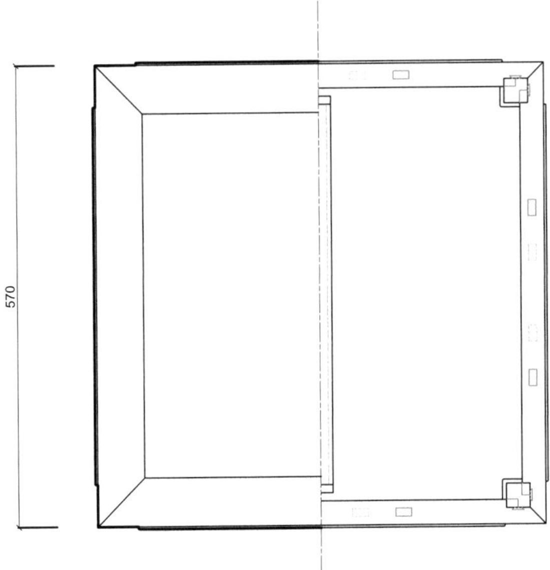

三视结构（CAD 图 1）

3. 用材效果

用材效果（材质：紫檀；效果图 2）

用材效果（材质：黄花梨；效果图 3）

用材效果（材质：红酸枝；效果图 4）

4. 结构爆炸

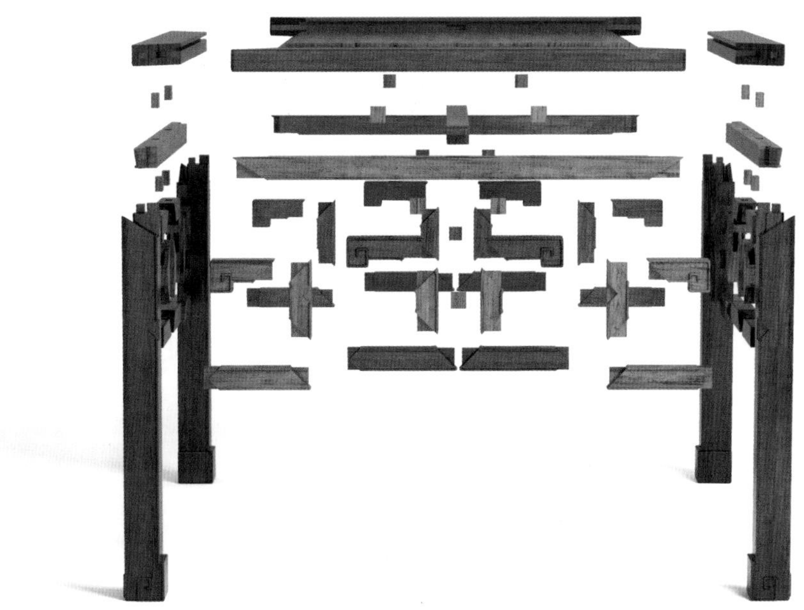

结构爆炸（效果图 5）

5. 部件示意

部件示意—座面（效果图 6）

部件示意—腿子（效果图 7）

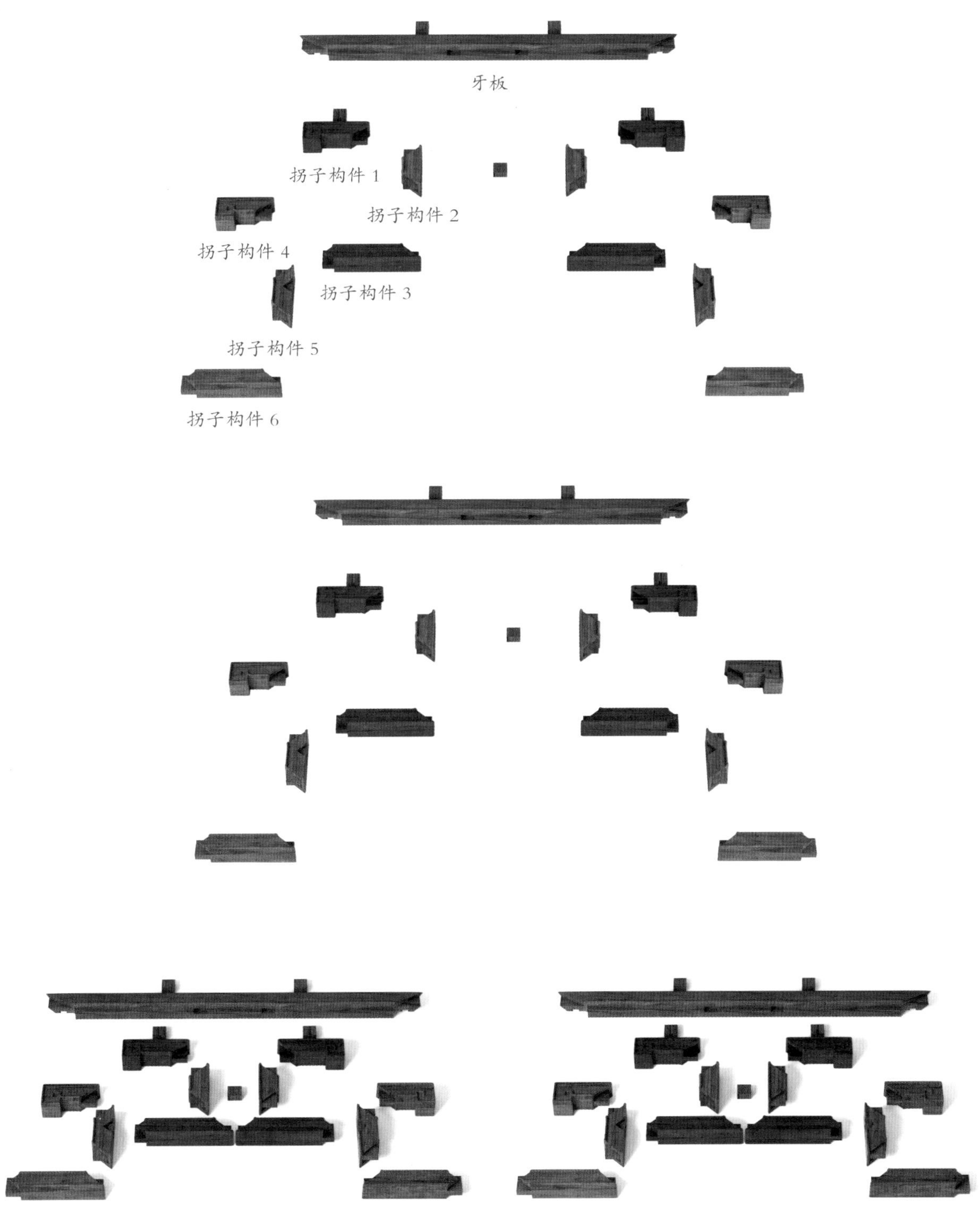

部件示意—牙条结构（效果图 8）

6. 细部详解

细部效果—座面（效果图 9）

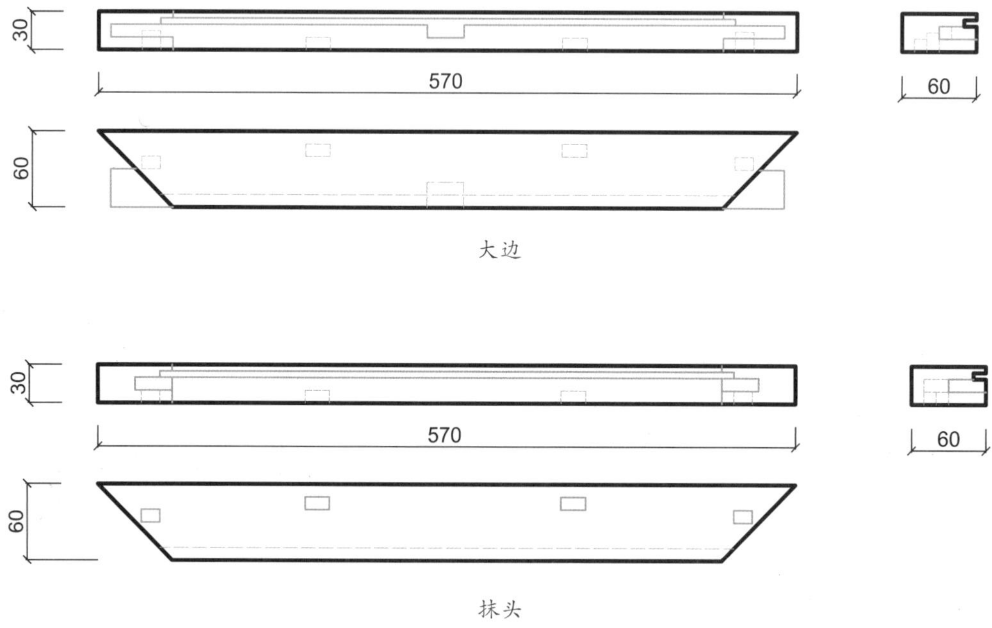

大边

抹头

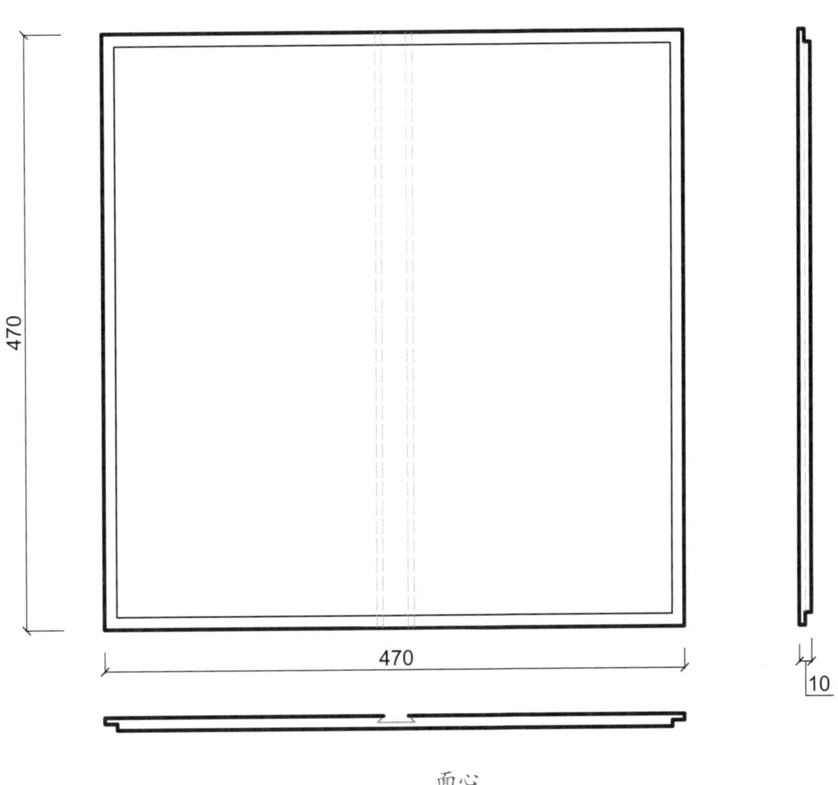

面心

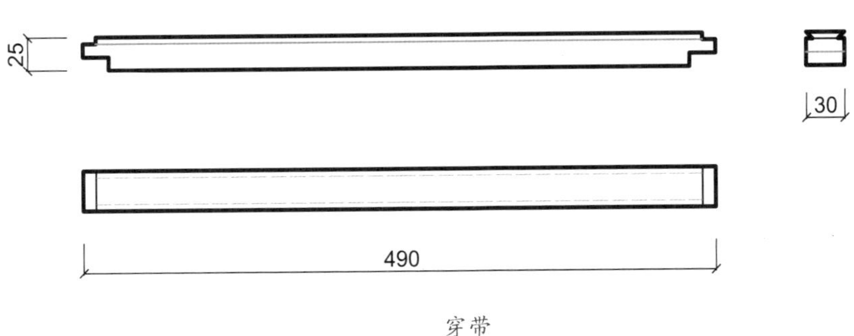

穿带

细部结构—座面（CAD 图 2 ~图 5）

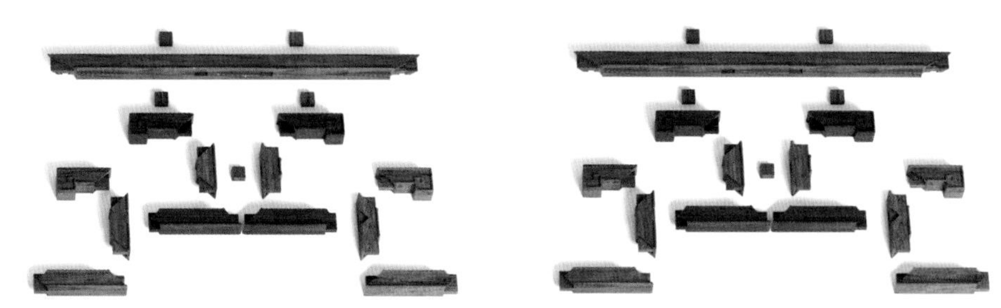

细部效果—牙条结构（效果图 10）

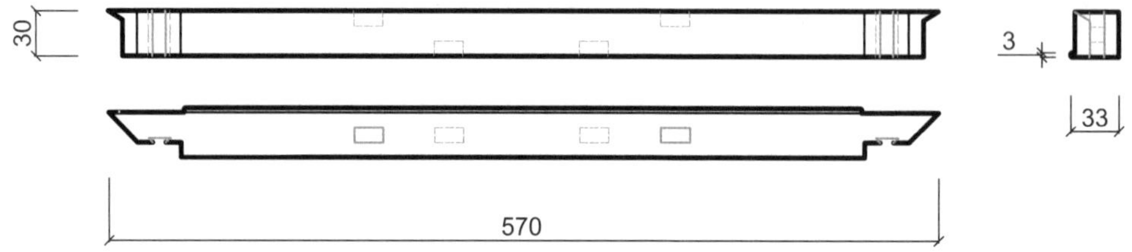

30 3 33 570

牙板

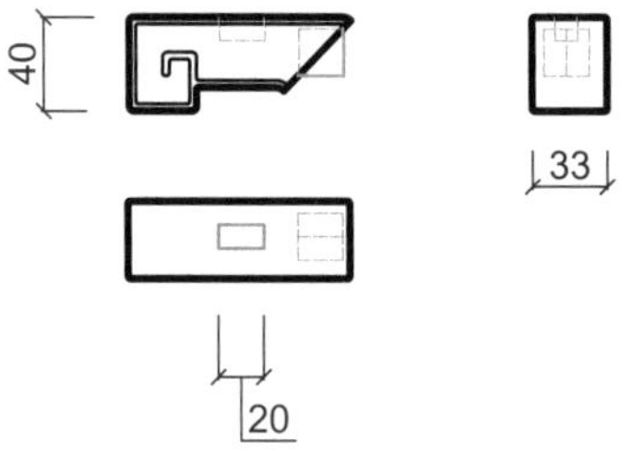

40 33 20

拐子构件 1

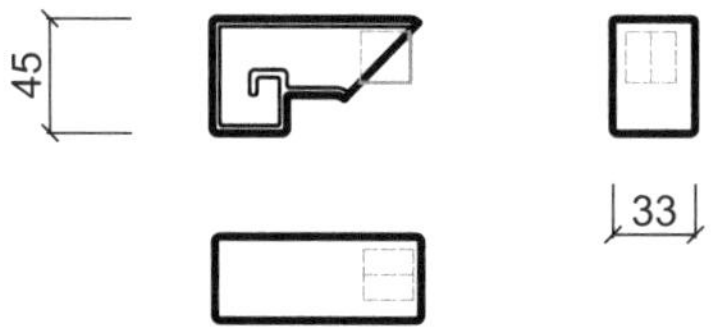

45 33

拐子构件 4

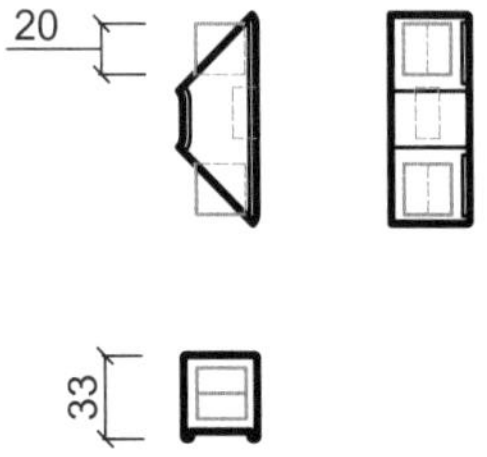

20 33

拐子构件 2

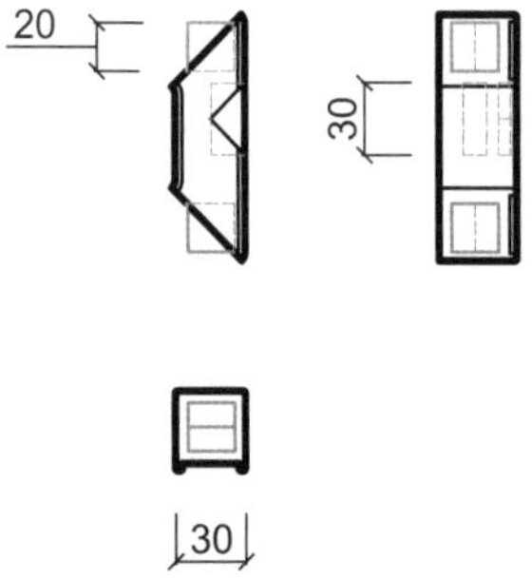

20 30 30

拐子构件 5

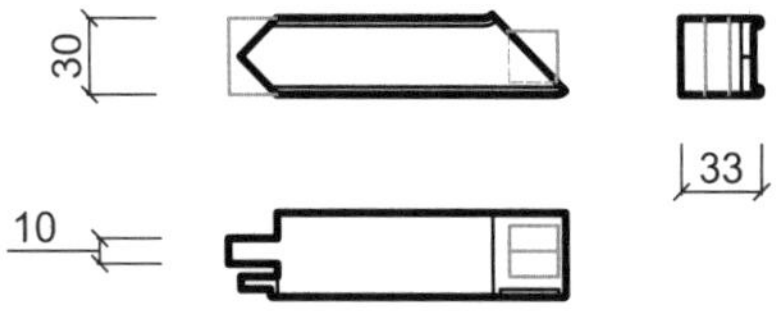

30 33 10

拐子构件 3

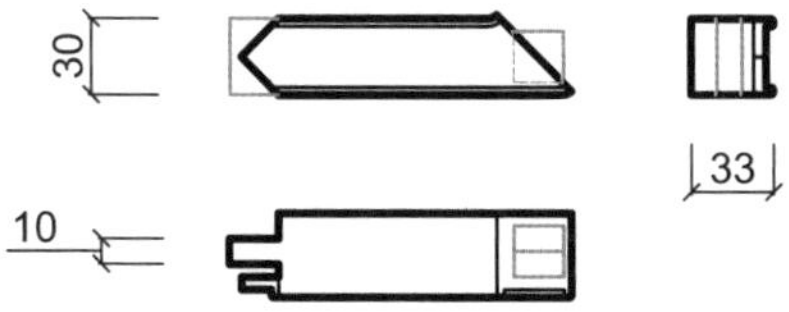

30 33 10

拐子构件 6

细部结构—牙条结构（CAD 图 6 ~图 12）

细部效果—腿子（效果图 11）

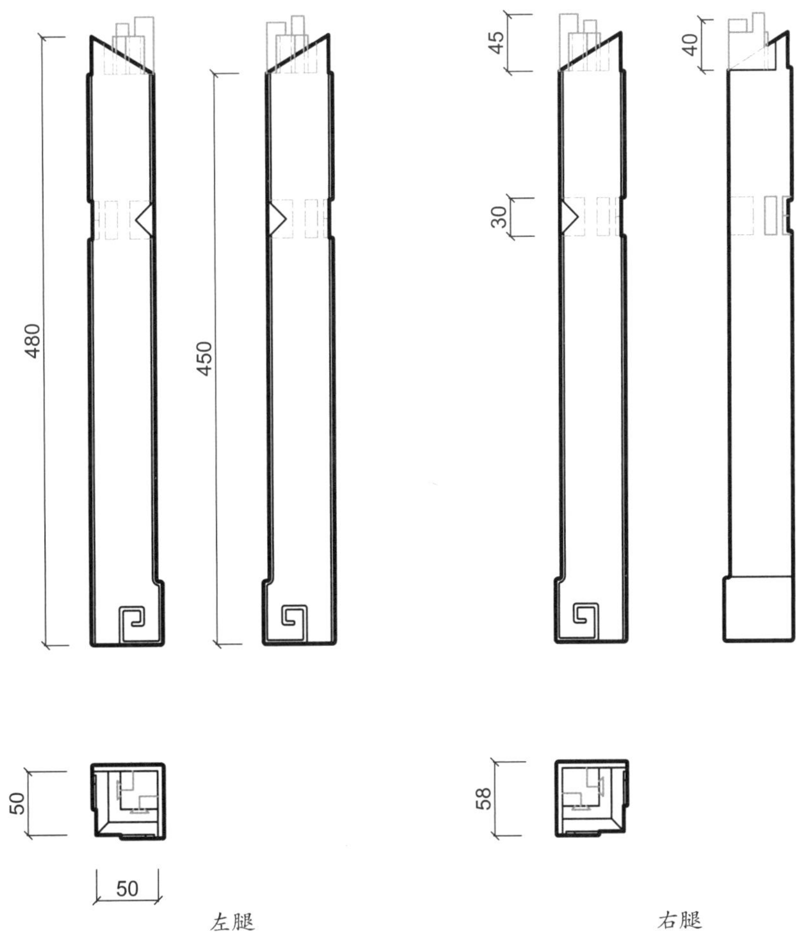

细部结构—腿子（CAD 图 13 ~图 14）

卷云纹罗锅枨方凳

材质：黄花梨

年款：明

整体外观（效果图 1）

1. 器形点评

此方凳凳面平直方正，攒框打槽，中装藤心，边抹为素混面压边线。凳面下装云纹牙板。四腿为方材，直落到地，足端略外展。四腿中部以曲波形罗锅枨相连。此凳造型简洁素雅，以云纹做装饰，略施粉黛，做工精湛，美观大方。

2. CAD 图示

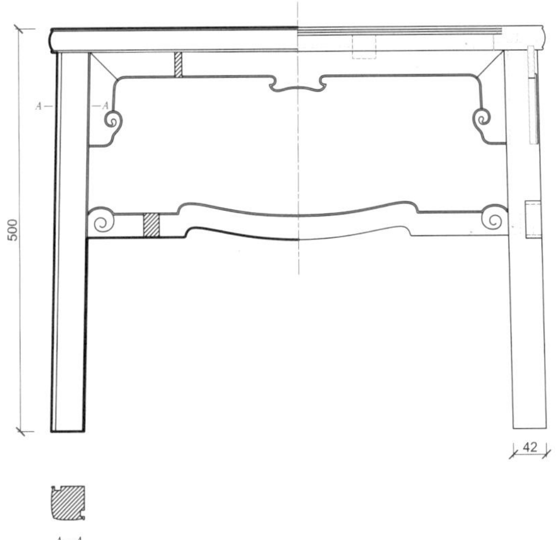

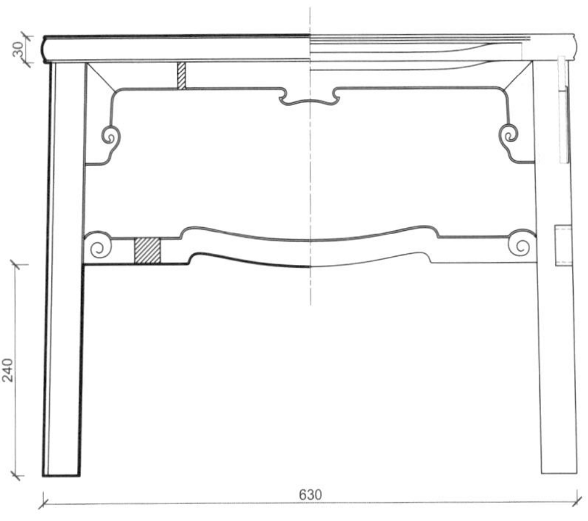

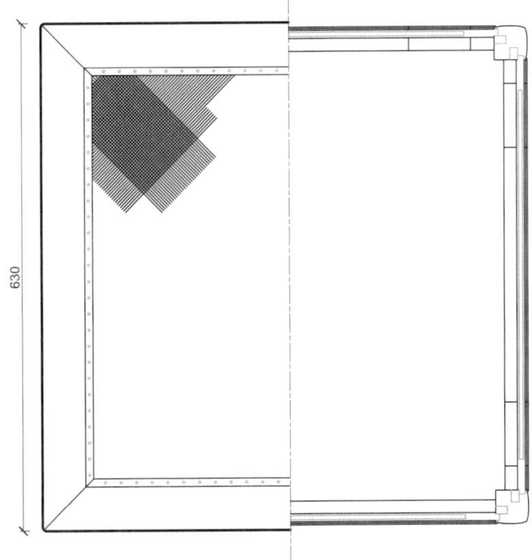

三视结构（CAD 图 1）

3. 用材效果

用材效果（材质：紫檀；效果图 2）

用材效果（材质：黄花梨；效果图 3）

用材效果（材质：红酸枝；效果图 4）

4. 结构爆炸

结构爆炸（效果图5）

5. 部件示意

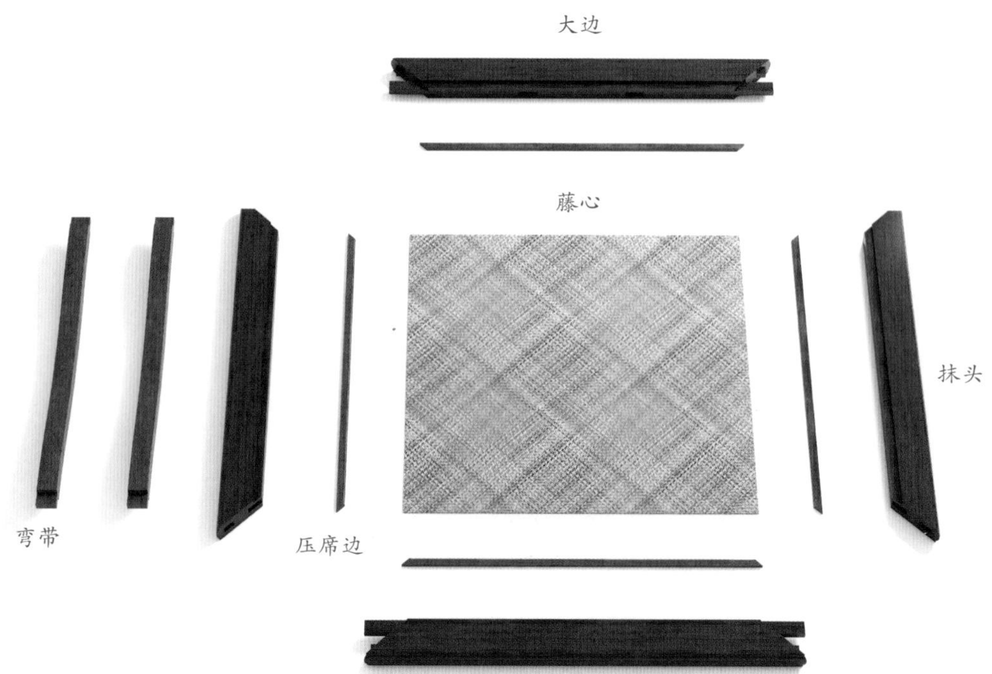

部件示意—座面（效果图 6）

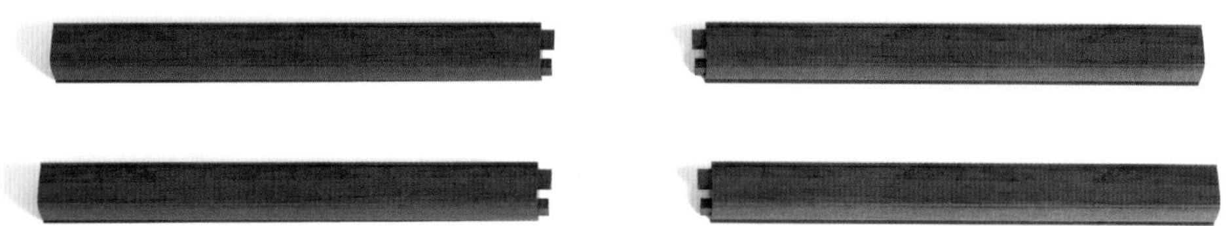

部件示意—腿子（效果图 7）

部件示意—牙子（效果图 8）

部件示意—罗锅枨（效果图 9）

6. 细部详解

细部效果—座面（效果图 10）

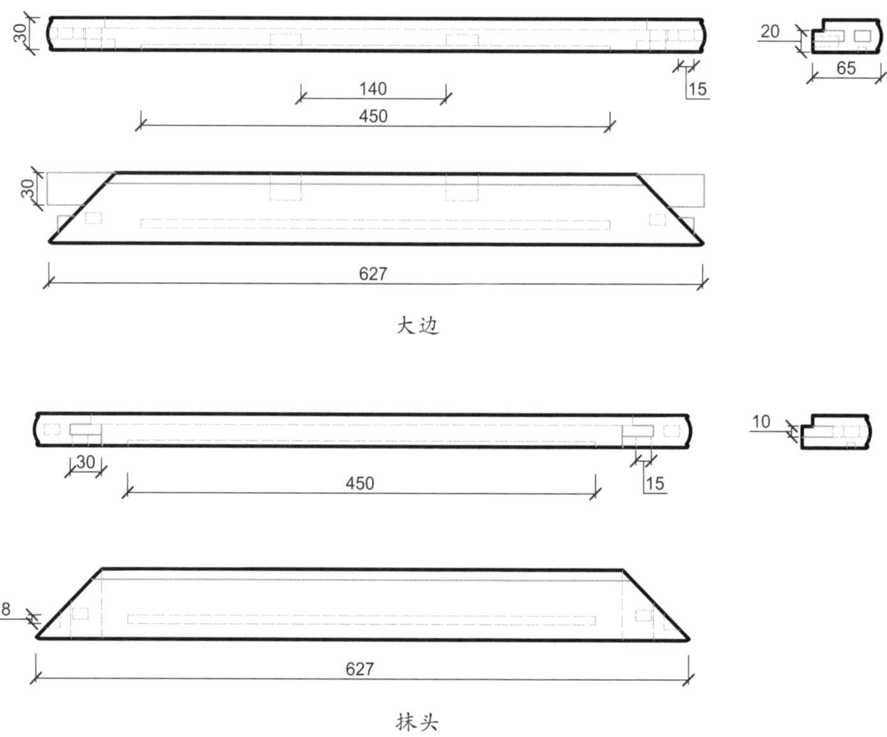

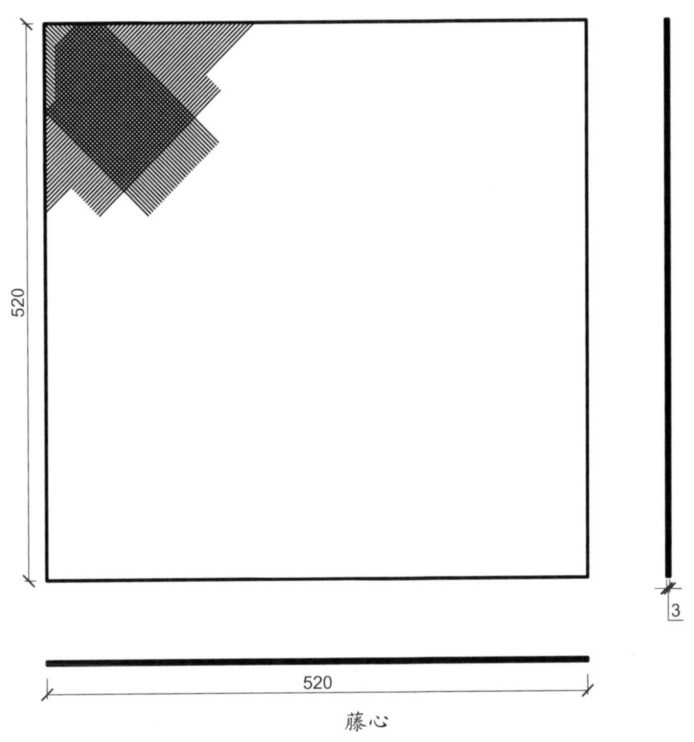

藤心

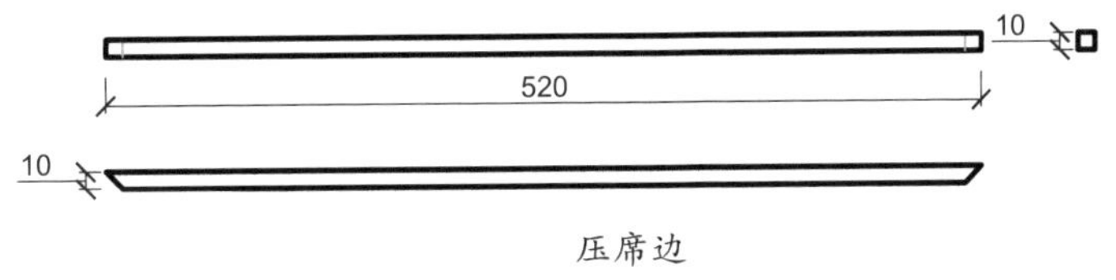

压席边

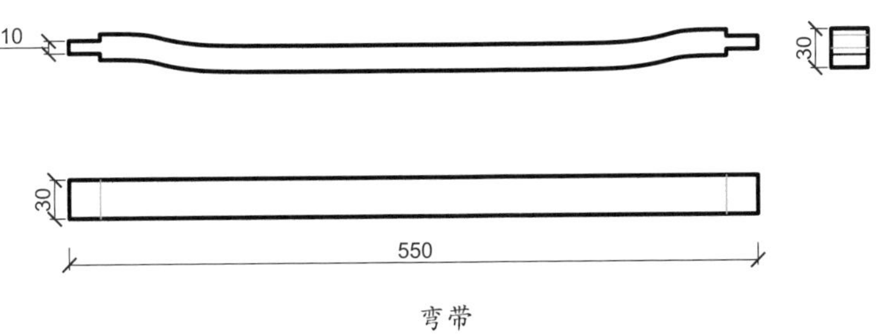

弯带

细部结构—座面（CAD 图 2 ~图 6）

细部效果—牙子（效果图 11）

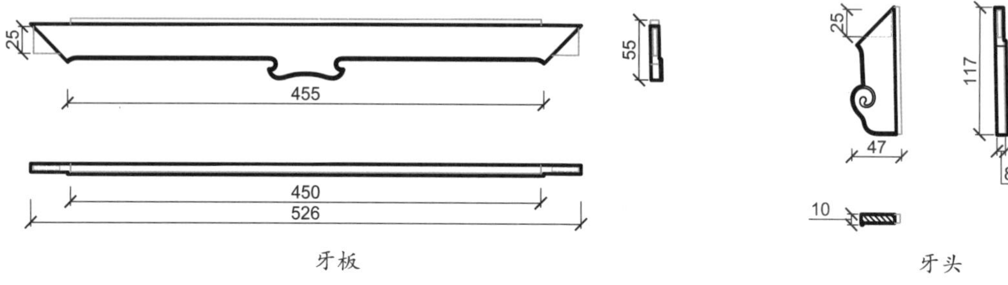

细部结构—牙子（CAD 图 7 ~ 图 8）

细部效果—罗锅枨（效果图 12）

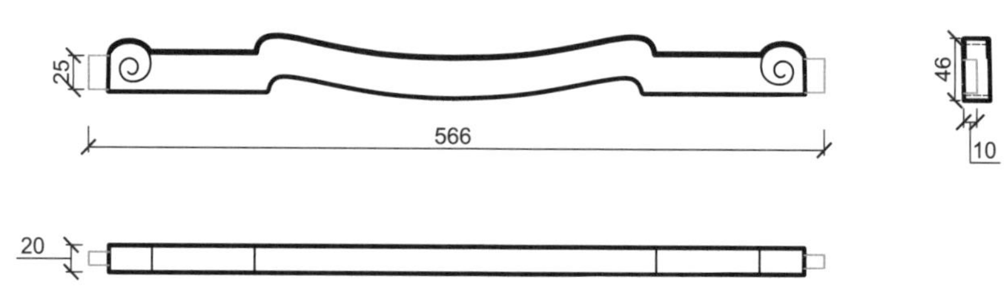

细部结构—罗锅枨（CAD 图 9）

细部效果—腿子（效果图 13）

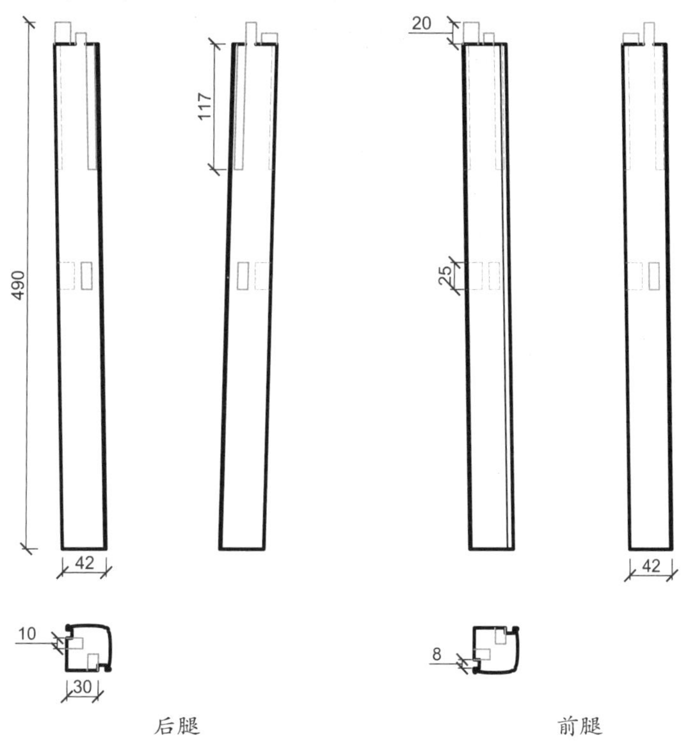

细部结构—腿子（CAD 图 10 ~图 11）

有束腰拐子纹方凳

材质：紫檀

年款：清

整体外观（效果图1）

1. 器形点评

此方凳凳面方正规整，下有束腰，束腰打洼。四腿为方材，至足底形成内翻云纹足。腿子边沿起皮条线，四腿上端安透雕拐子纹花牙子。

2. CAD 图示

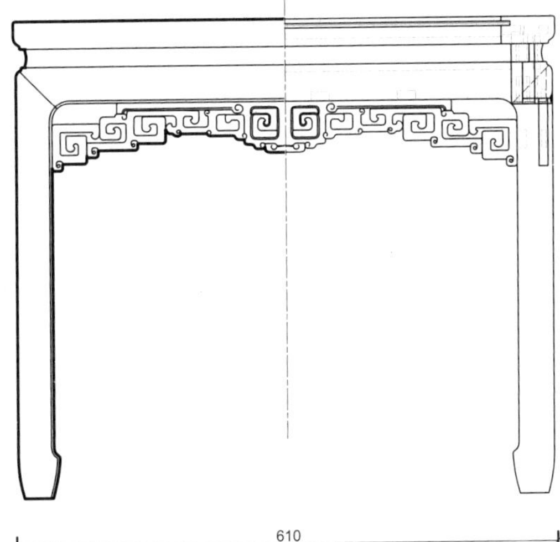

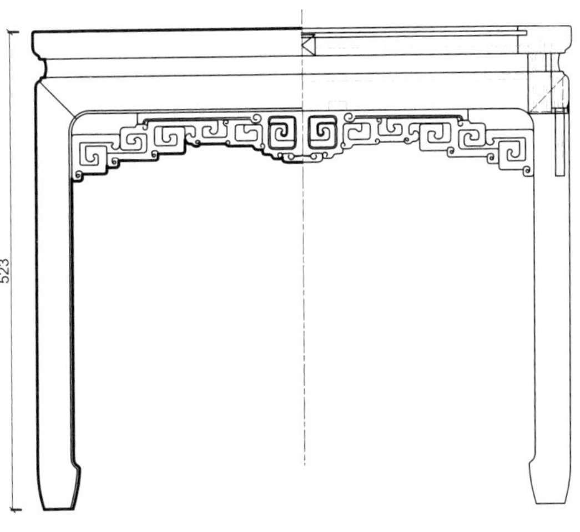

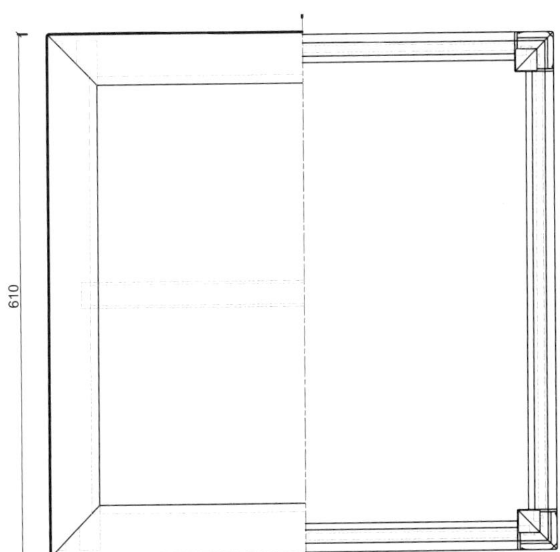

三视结构（CAD 图 1）

3. 用材效果

用材效果（材质：紫檀；效果图 2）

用材效果（材质：黄花梨；效果图 3）

用材效果（材质：红酸枝；效果图 4）

4. 结构爆炸

结构爆炸（效果图5）

5. 部件示意

部件示意—座面（效果图 6）

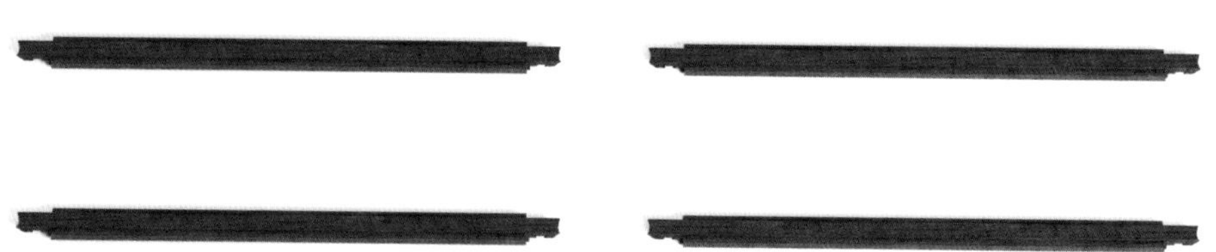

部件示意—束腰（效果图 7）

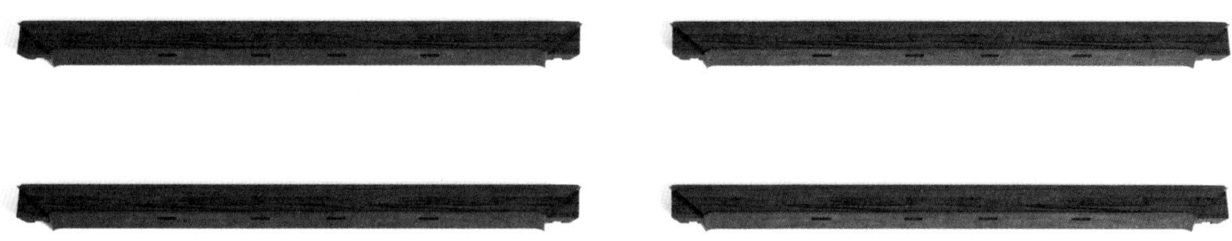

部件示意—牙板（效果图 8）

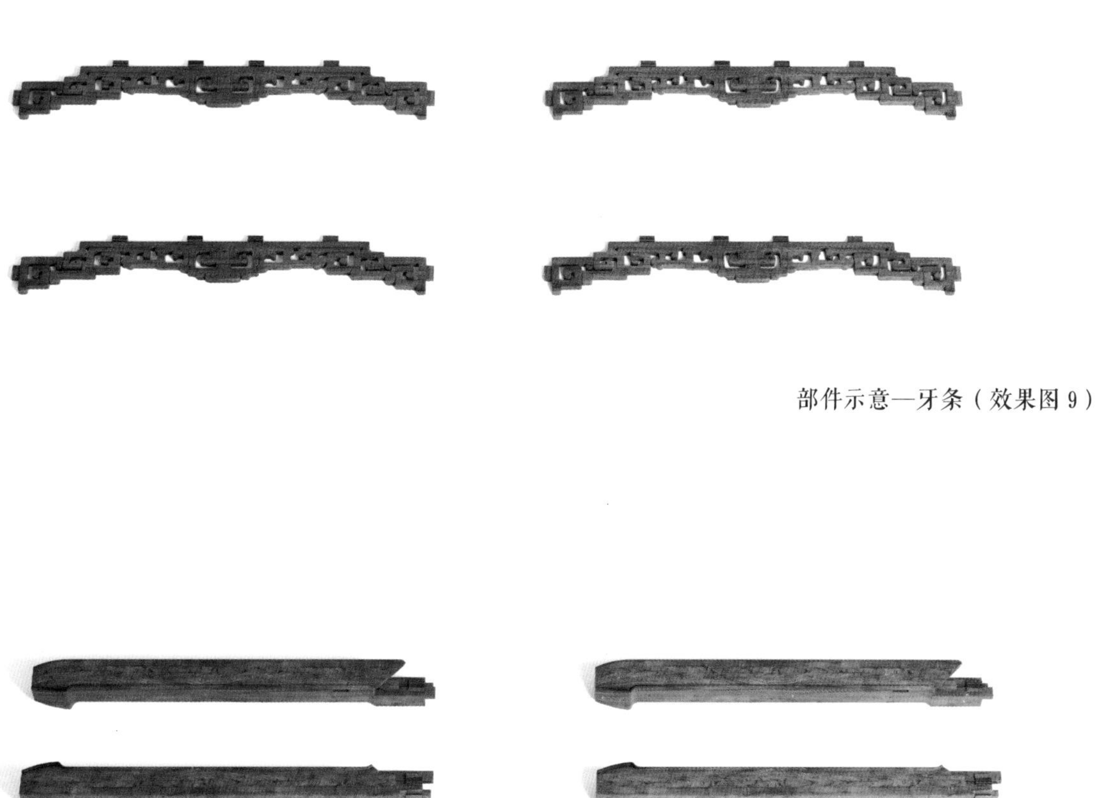

部件示意—牙条（效果图 9）

部件示意—腿子（效果图 10）

6. 细部详解

细部效果—座面（效果图 11）

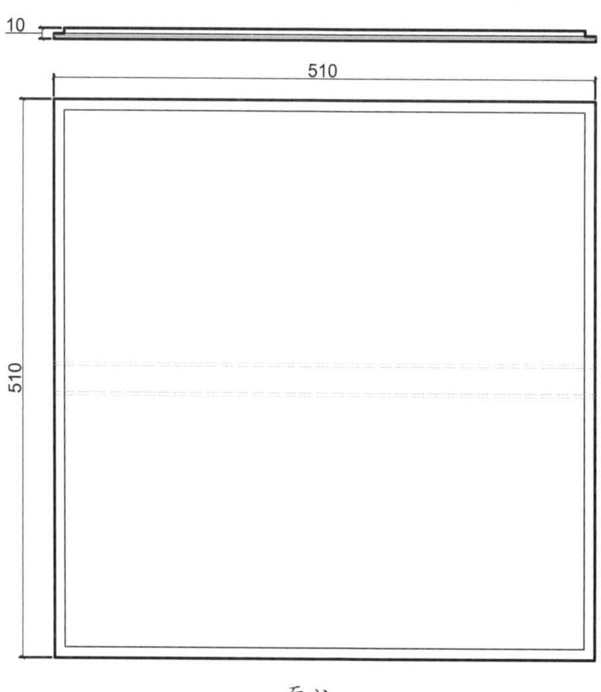

面心

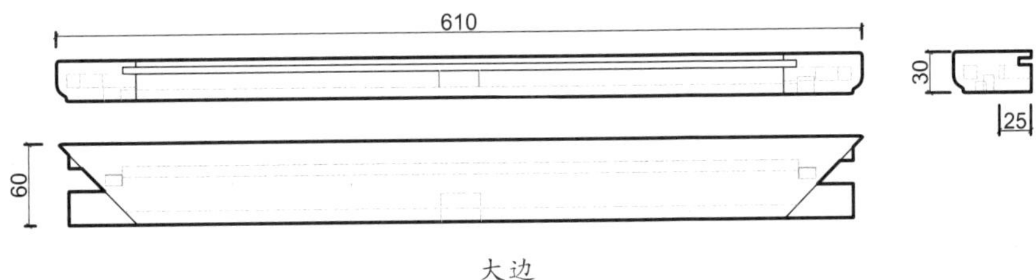

大边

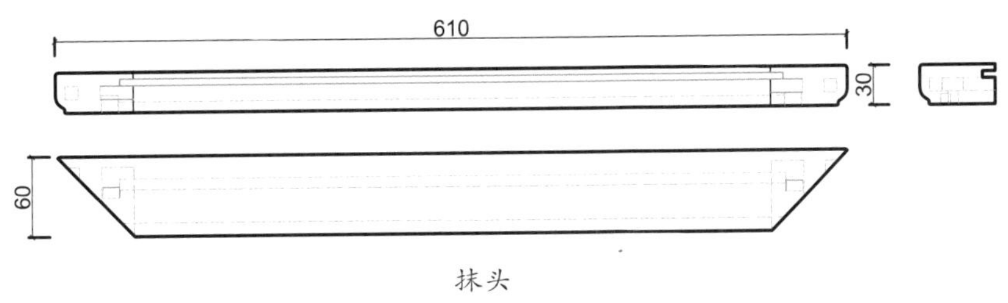

抹头

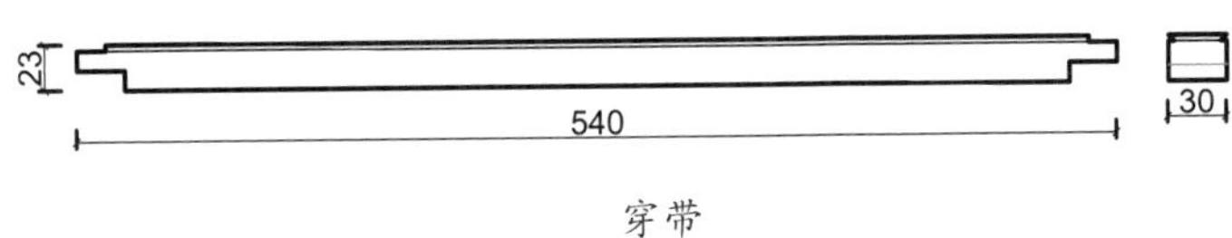

穿带

细部结构—座面（CAD 图 2 ~图 5）

细部效果—束腰（效果图 12）

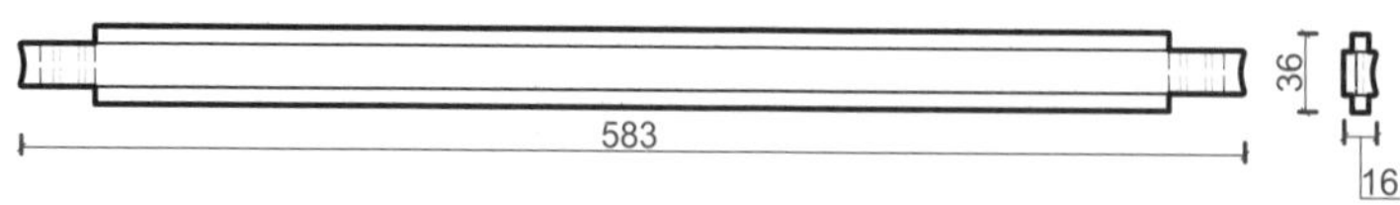

细部结构—束腰（CAD 图 6）

细部效果—牙板（效果图 13）

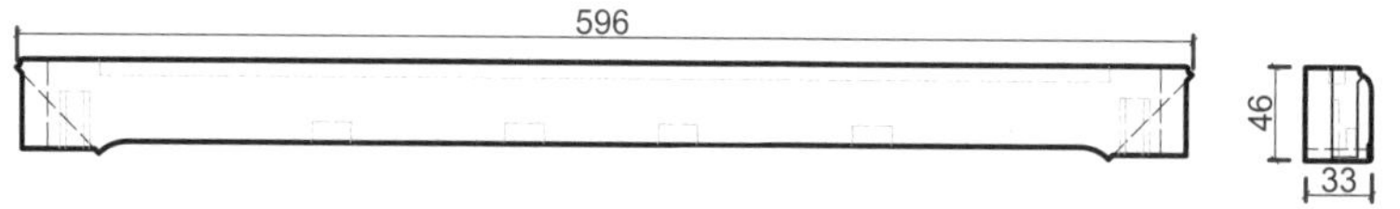

细部结构—牙板（CAD 图 7）

细部效果—牙条（效果图 14）

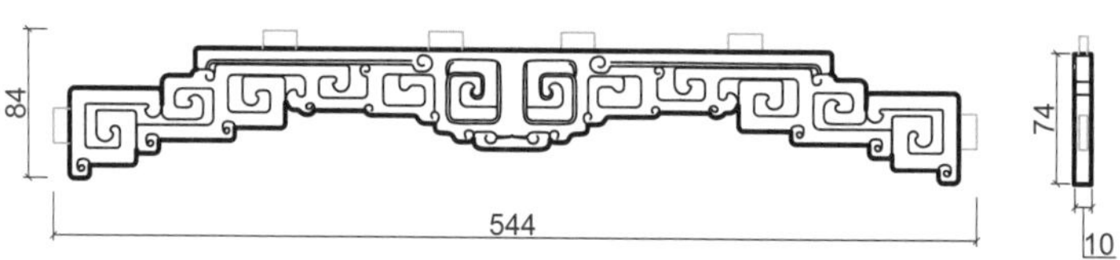

细部结构—牙条（CAD 图 8）

细部效果—腿子（效果图 15）

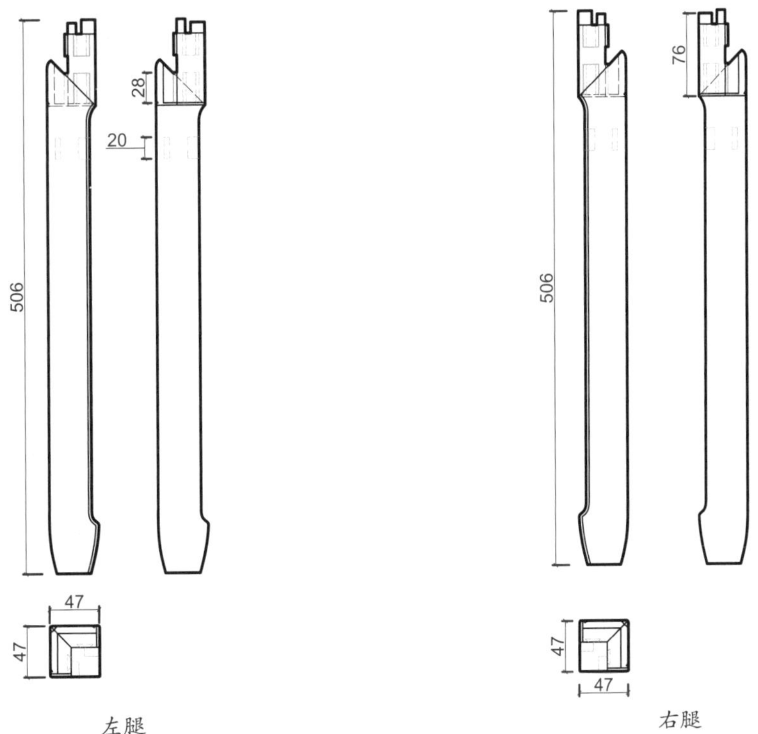

细部结构—腿子（CAD 图 9 ~图 10）

多混面劈料做拐子纹方凳

材质：红酸枝

年款：清

整体外观（效果图 1）

1. 器形点评

此凳凳面为正方形，攒框打槽，中装藤屉。凳面下有束腰。四腿为方材，采用多混面劈料做法，至足端雕内翻回纹马蹄足。四腿上端安有光素的洼堂肚牙板。此凳设计别出新意，多混面劈料做法的腿足与素牙板，一繁一简，富有变化。

2. CAD 图示

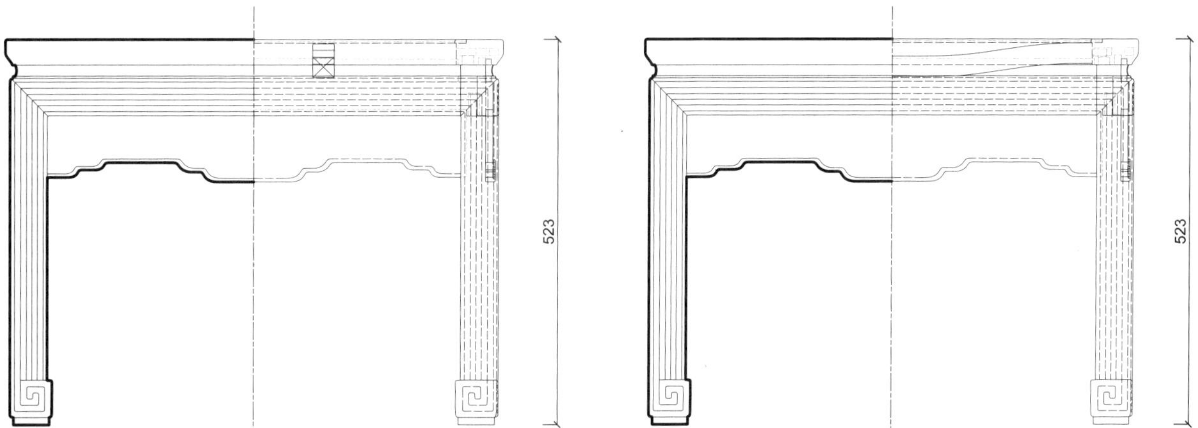

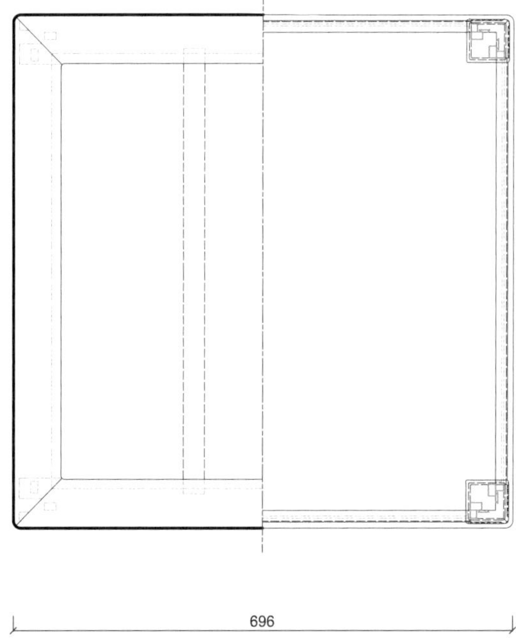

三视结构（CAD 图 1）

3. 用材效果

用材效果（材质：紫檀；效果图 2）

用材效果（材质：黄花梨；效果图 3）

用材效果（材质：红酸枝；效果图 4）

4. 结构爆炸

结构爆炸（效果图 5）

5. 部件示意

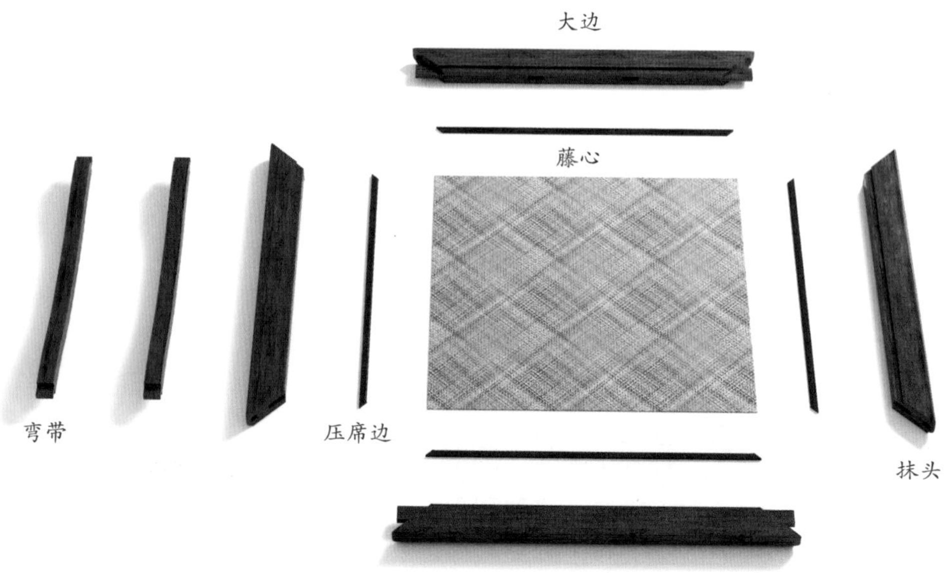

部件示意—座面（效果图 6）

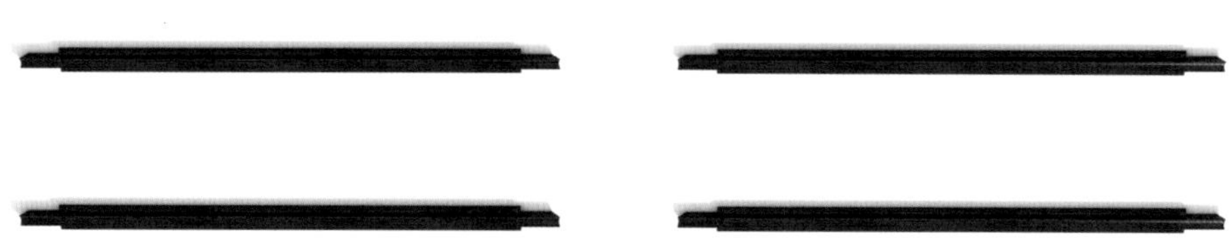

部件示意—束腰（效果图 7）

部件示意—牙板（效果图 8）

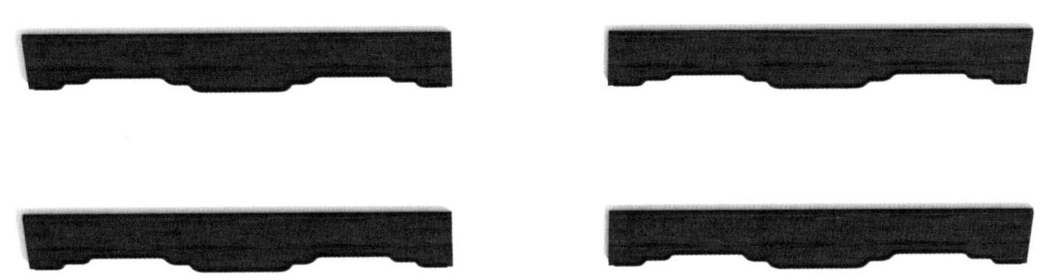

部件示意—牙条（效果图 9）

部件示意—腿子（效果图 10）

6. 细部详解

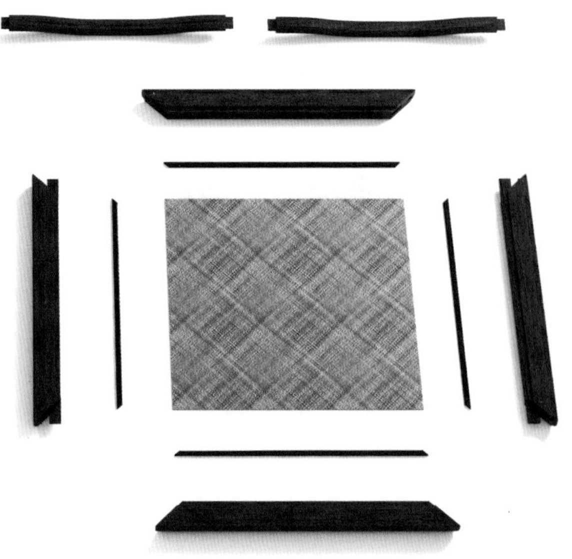

细部效果—座面（效果图 11）

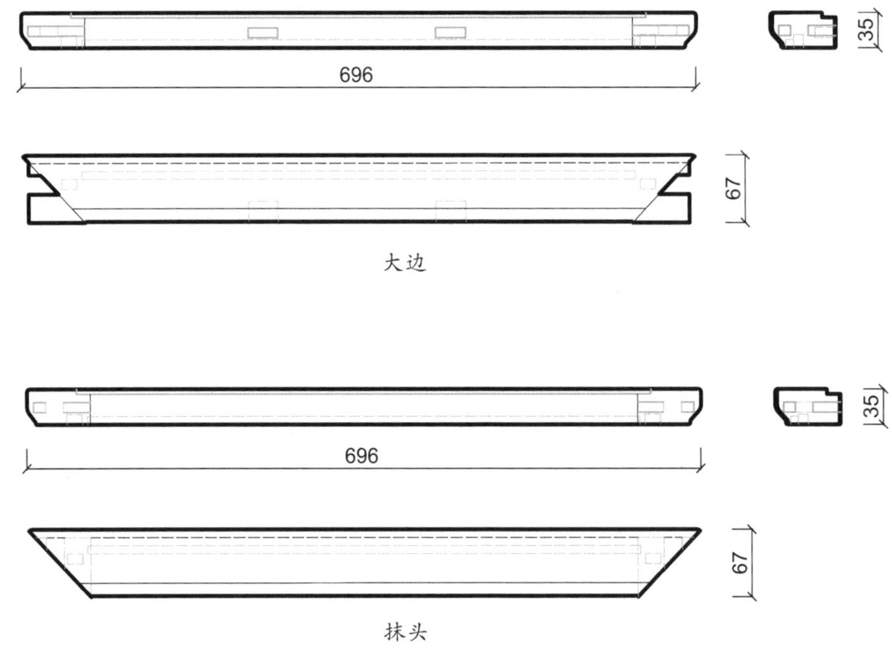

大边

抹头

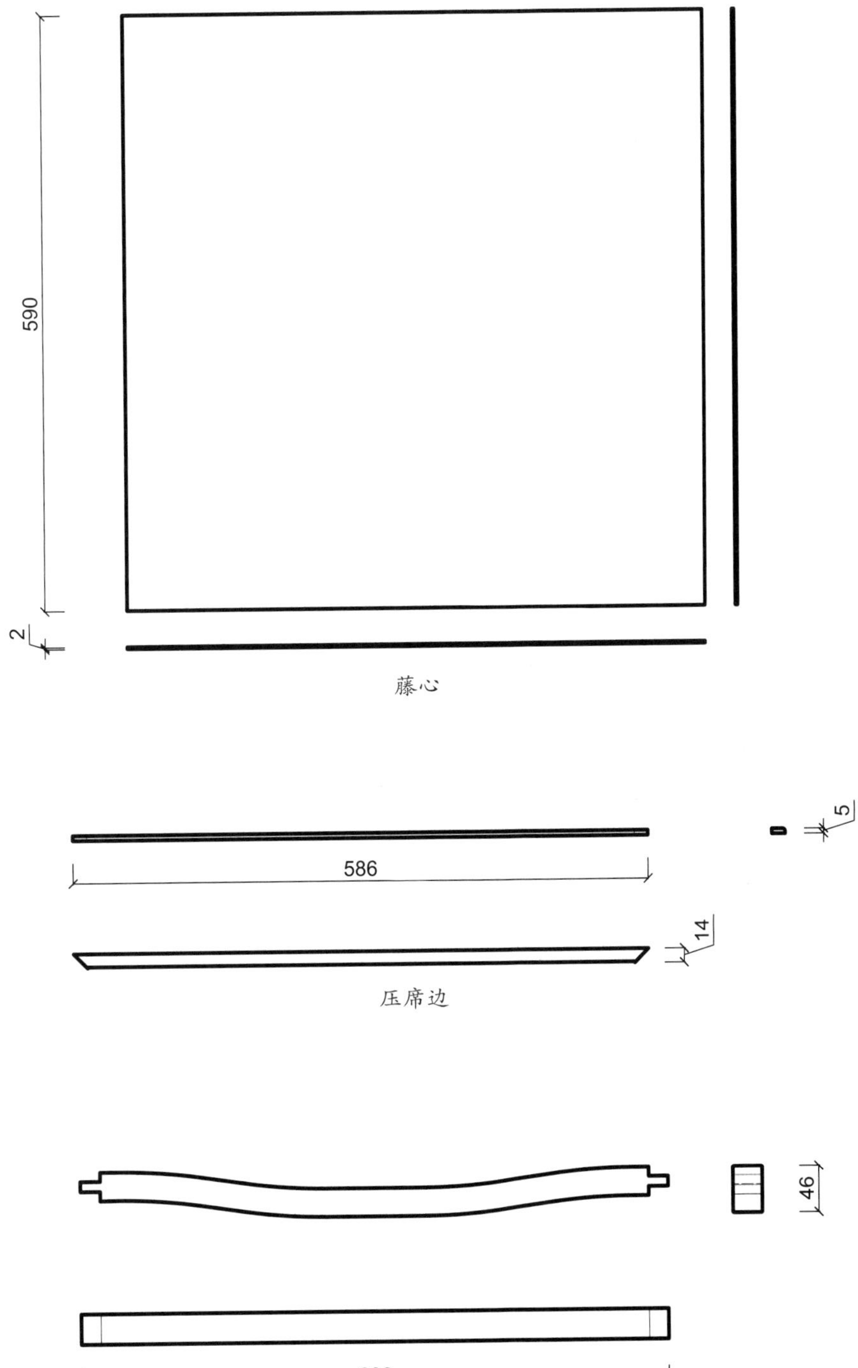

细部结构—座面（CAD 图 2 ~ 图 6）

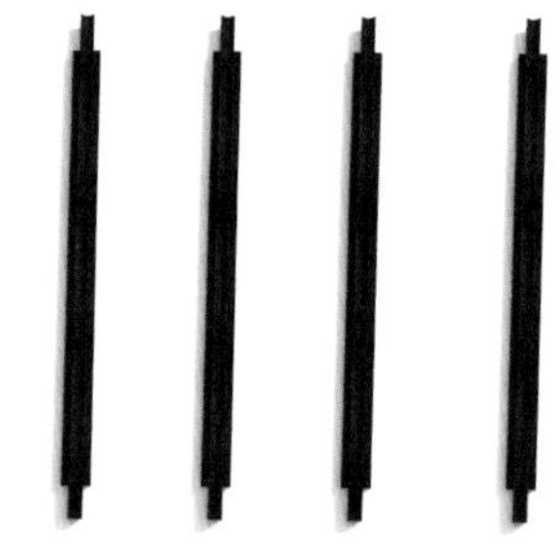

细部效果—束腰（效果图 12）

细部结构—束腰（CAD 图 7）

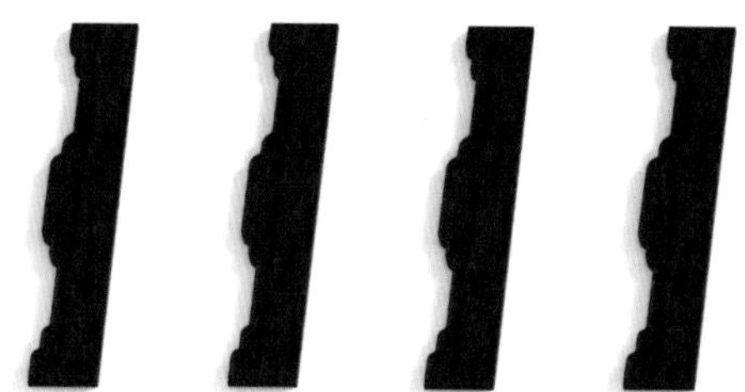

细部效果—牙条（效果图 13）

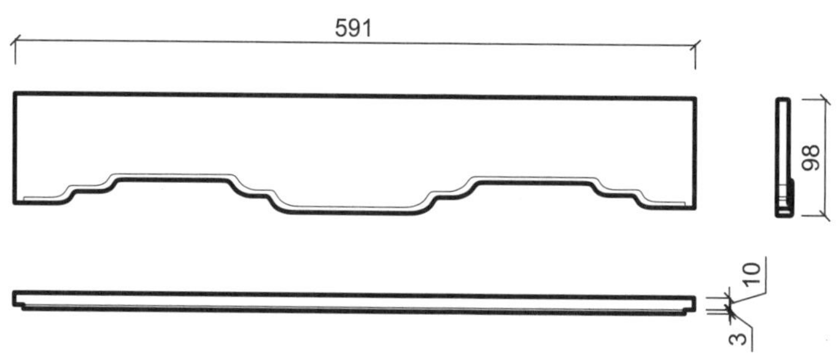

细部结构—牙条（CAD 图 8）

细部效果—牙板（效果图 14）

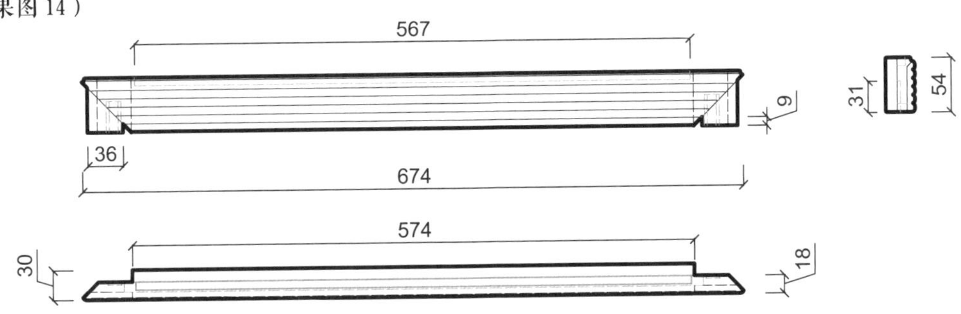

细部结构—牙板（CAD 图 9）

细部效果—腿子（效果图 15）

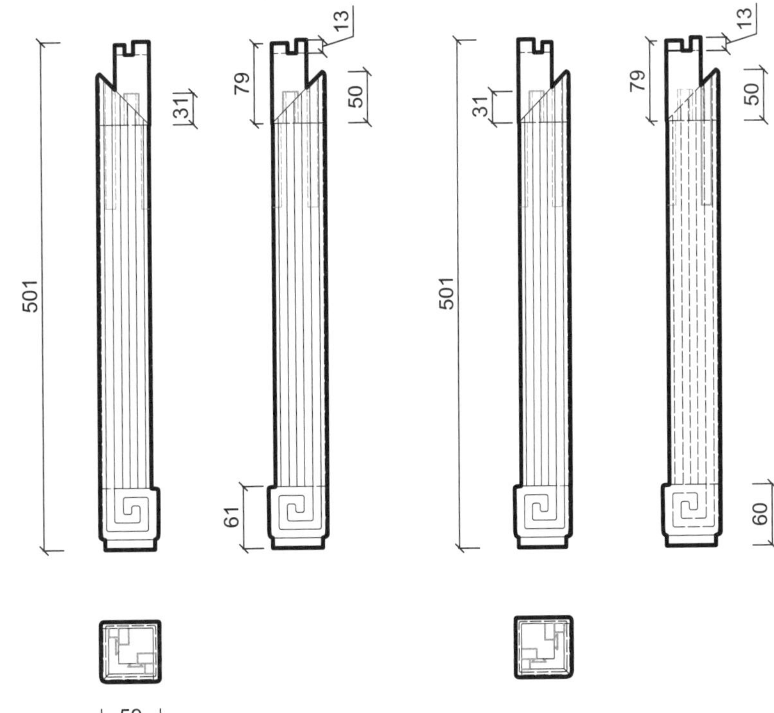

细部结构—腿子（CAD 图 10 ~ 图 11）

有束腰罗锅枨方凳

材质：黄花梨

年款：明

整体外观（效果图 1）

1. 器形点评

此方凳凳面方方正正，四边攒框，中装面心。凳面下有束腰，四腿为方材，直落到地，至足端雕成内翻马蹄足。四腿上端以罗锅枨相连。此凳造型规整，简洁大方，朴实无华。

2. CAD 图示

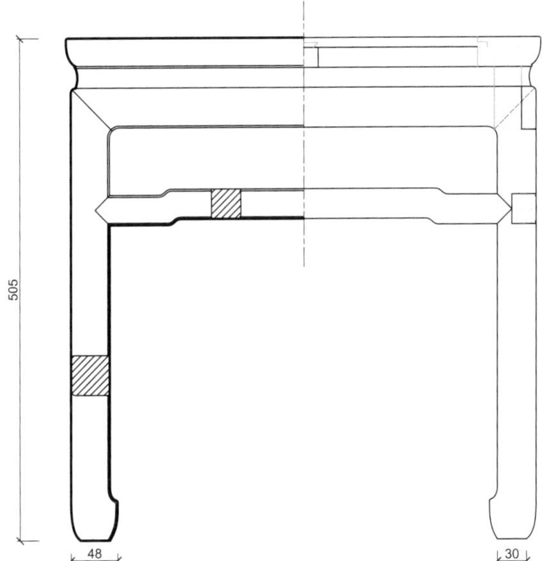

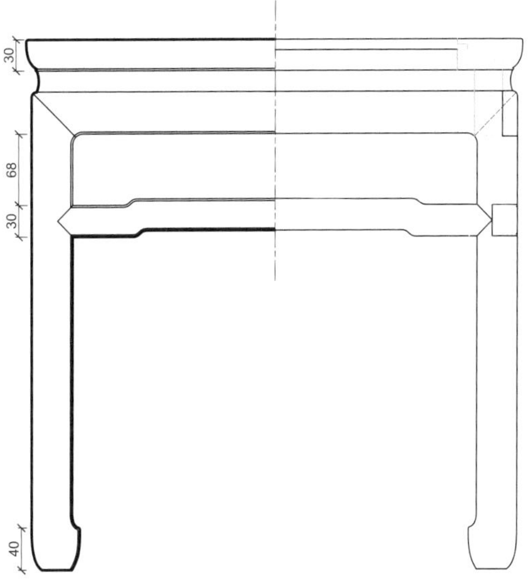

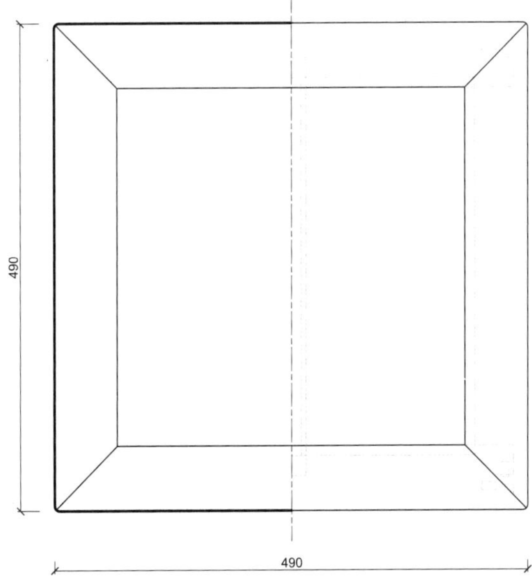

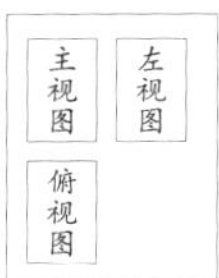

三视结构（CAD 图 1）

3. 用材效果

用材效果（材质：紫檀；效果图 2）

用材效果（材质：黄花梨；效果图 3）

用材效果（材质：红酸枝；效果图 4）

4. 结构爆炸

结构爆炸（效果图5）

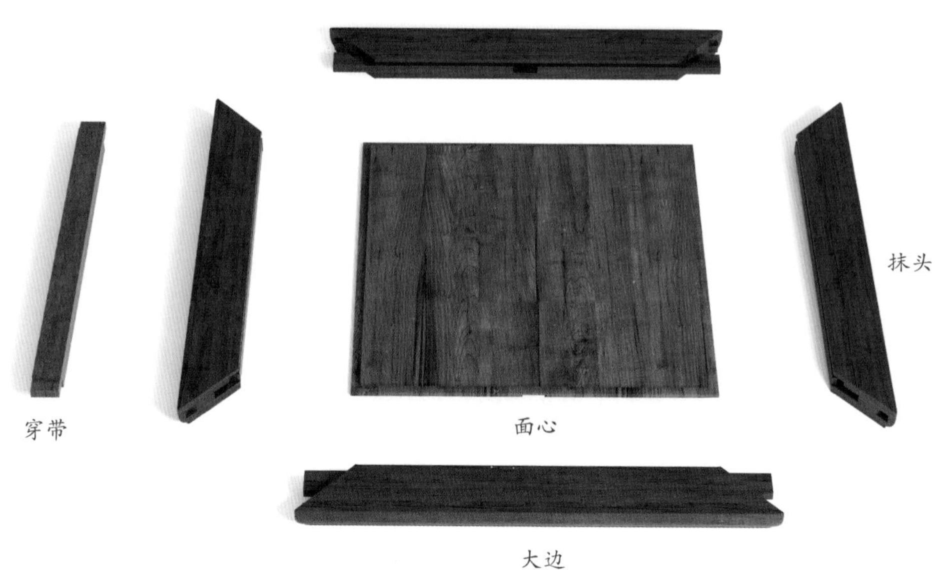

部件示意—座面（效果图 6）

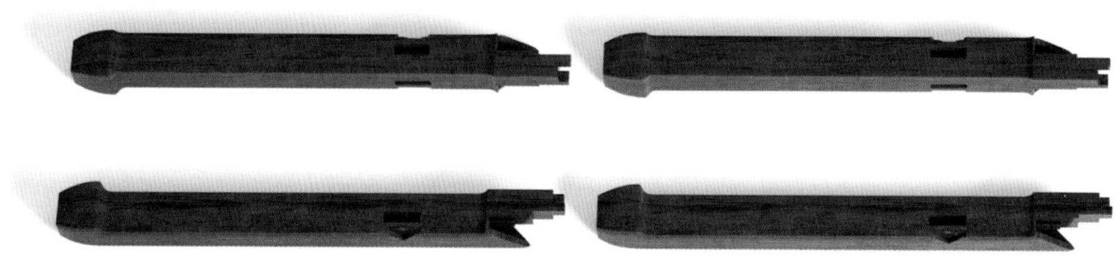

部件示意—腿子（效果图 7）

部件示意—罗锅枨（效果图 8）

部件示意—牙板（效果图 9）

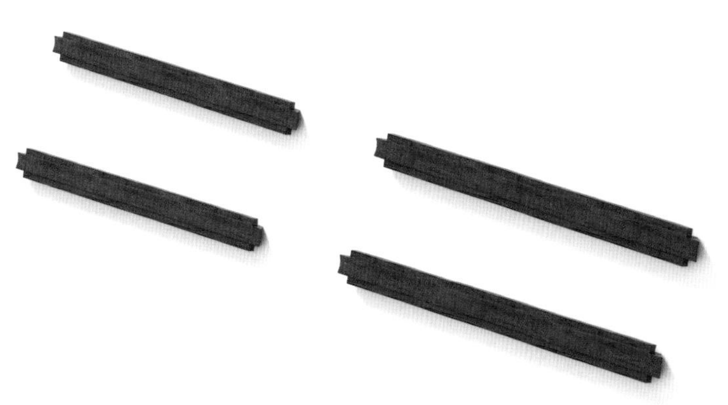

部件示意—束腰（效果图 10）

细部效果—座面（效果图 11）

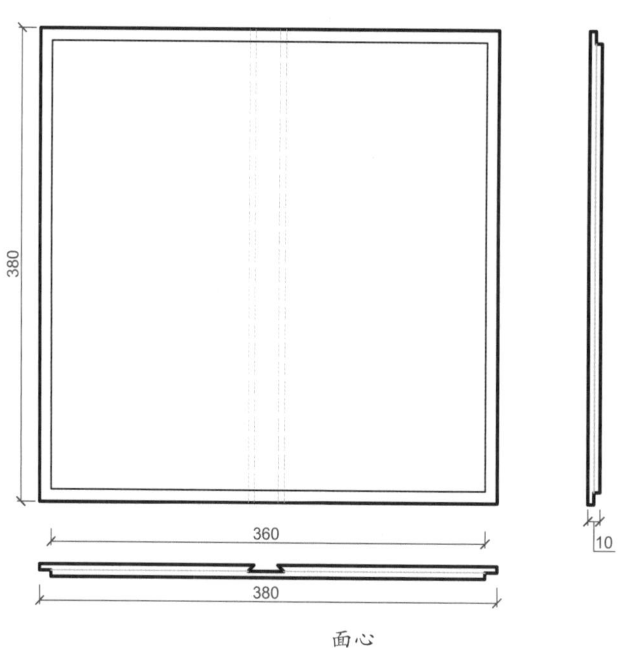

面心

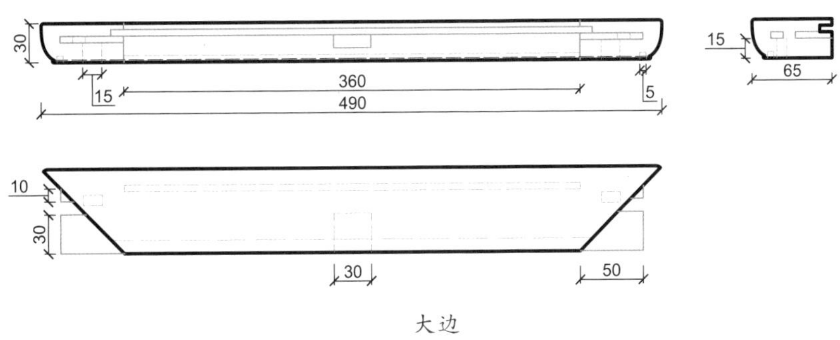
30
15
360
490
15
5
65
10
30
30
50

大边

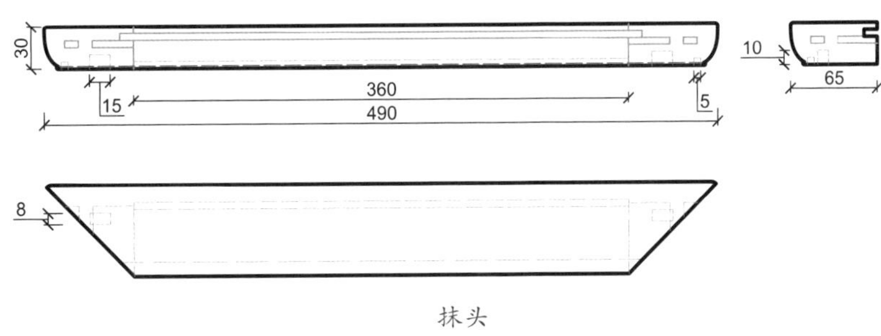
30
15
360
490
5
10
65
8

抹头

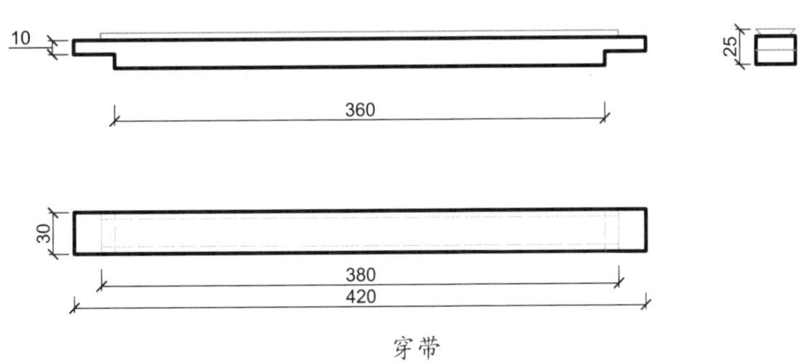
10
360
25
30
380
420

穿带

细部效果—罗锅枨（效果图 12）

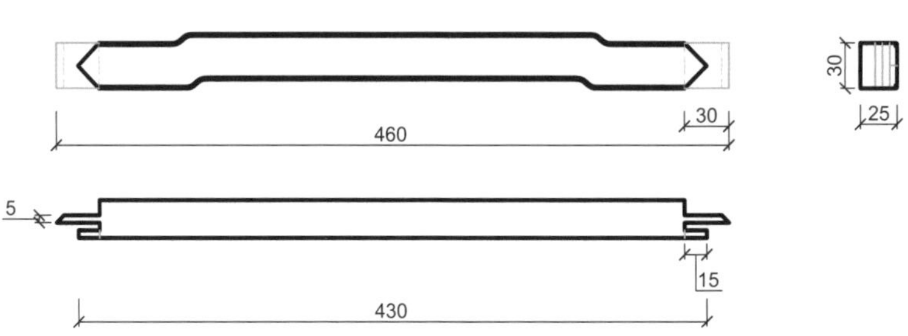

细部结构—罗锅枨（CAD 图 6）

细部效果—牙板（效果图 13）

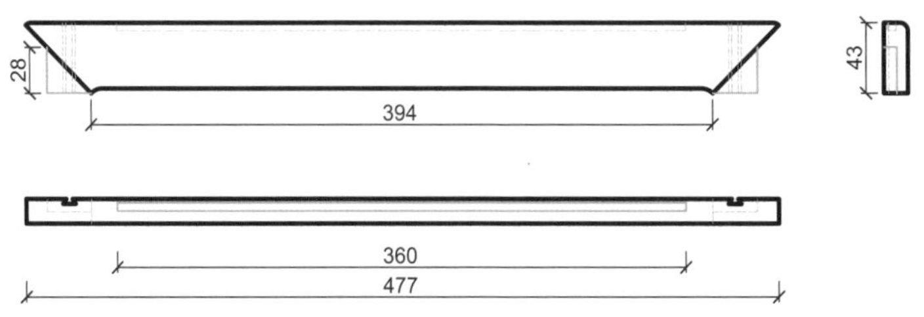

细部结构—牙板（CAD 图 7）

细部效果—束腰（效果图 14）

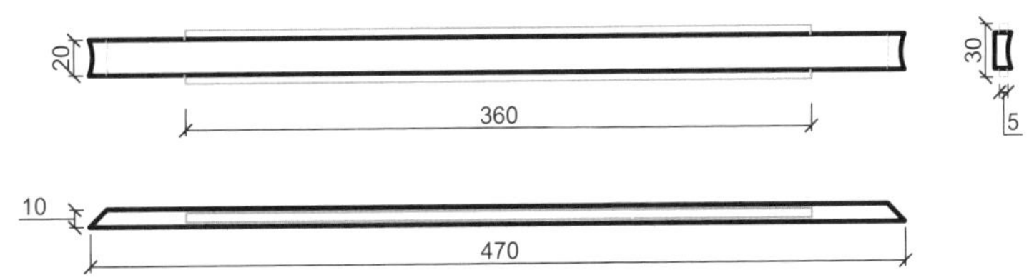

细部结构—束腰（CAD 图 8）

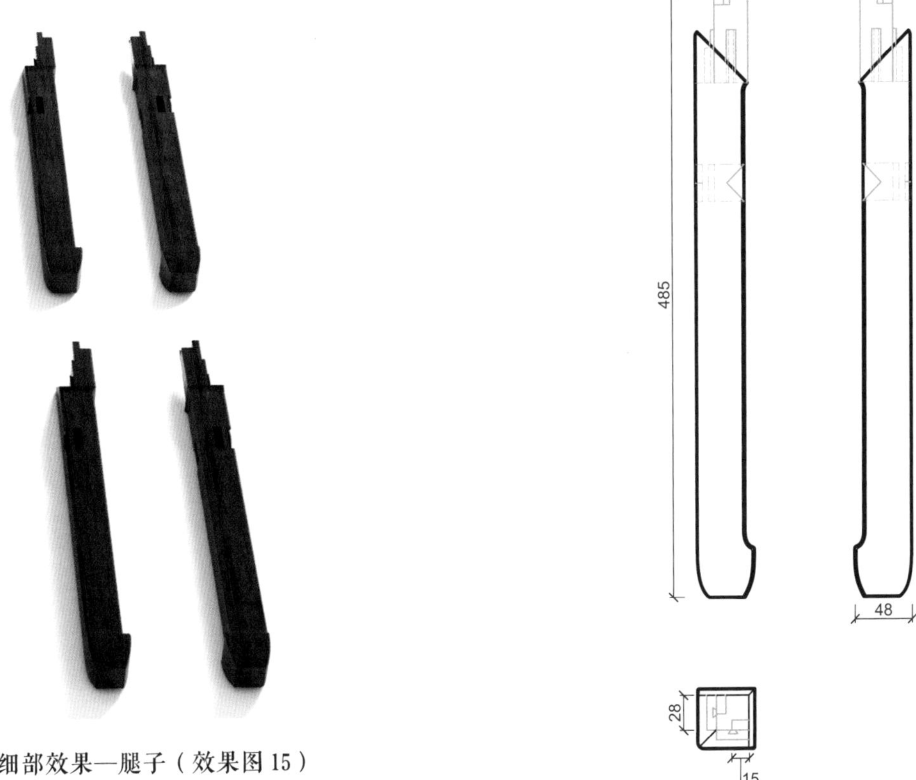

细部效果—腿子（效果图 15）

细部结构—腿子（CAD 图 9）

嵌瓷面罗锅枨方凳

材质：黄花梨

年款：明

整体外观（效果图1）

1. 器形点评

此凳凳面为正方形，攒边打槽，中装瓷板，冰盘沿线脚。下有极窄的束腰，洼堂肚云纹牙板。四腿为方材，直下，至足端形成内翻马蹄足。腿子边沿起皮条线。四腿上端以罗锅枨相连。

2. CAD 图示

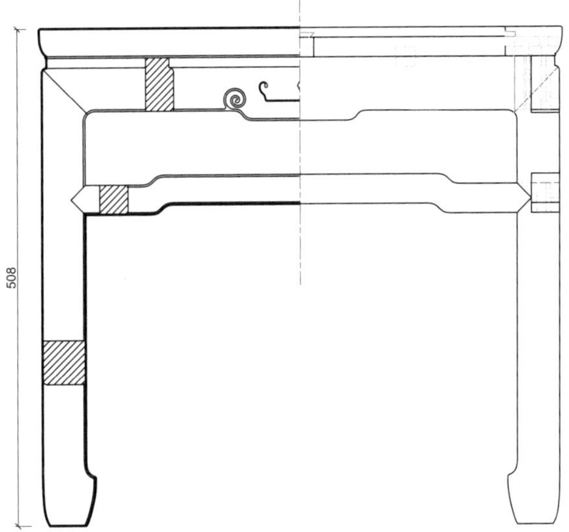

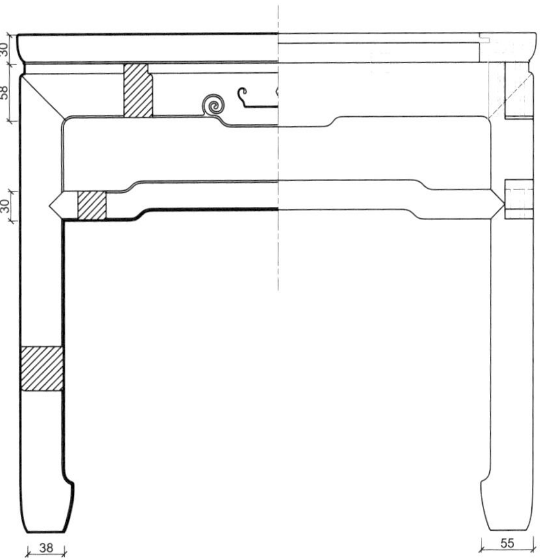

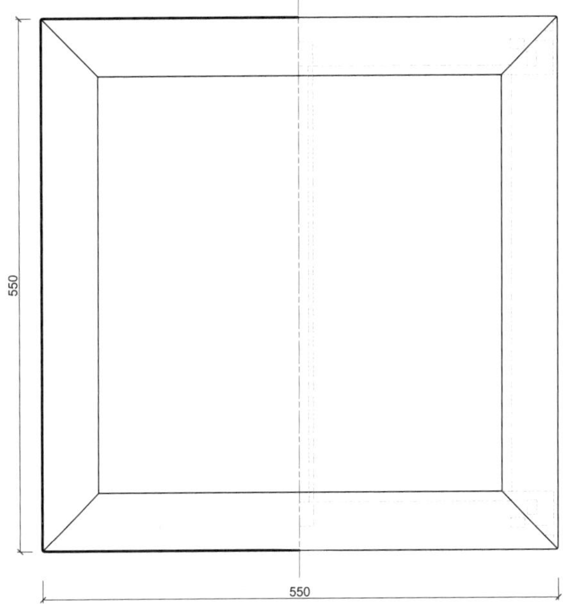

三视结构（CAD 图 1）

3. 用材效果

用材效果（材质：紫檀；效果图 2）

用材效果（材质：黄花梨；效果图 3）

用材效果（材质：红酸枝；效果图 4）

4. 结构爆炸

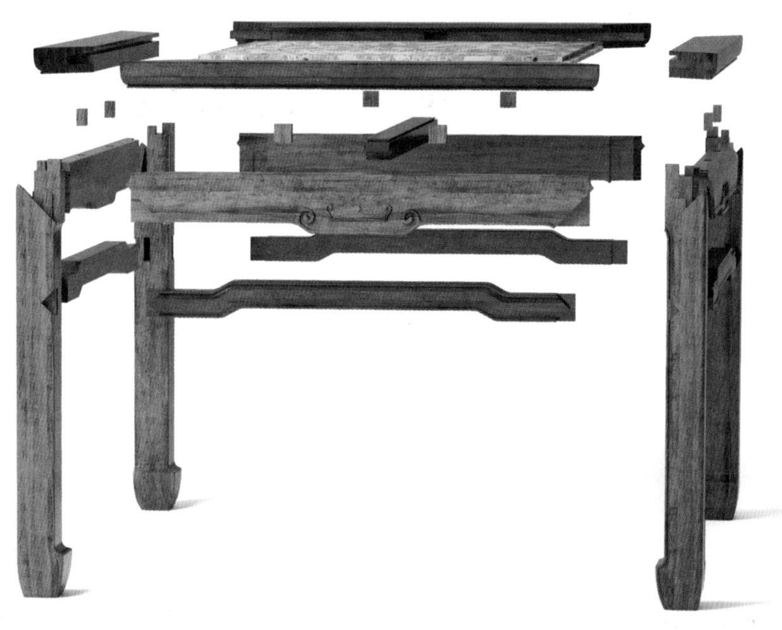

结构爆炸（效果图 5）

5. 部件示意

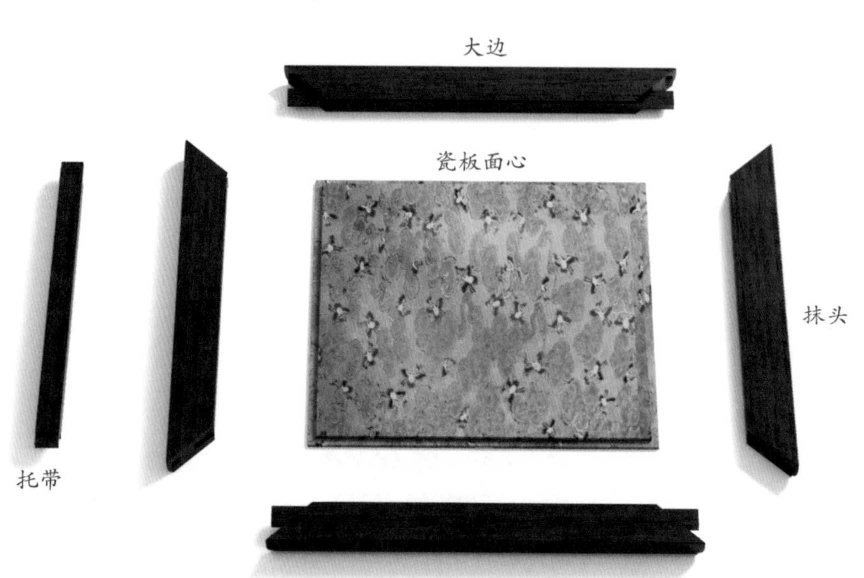

部件示意—座面（效果图 6）

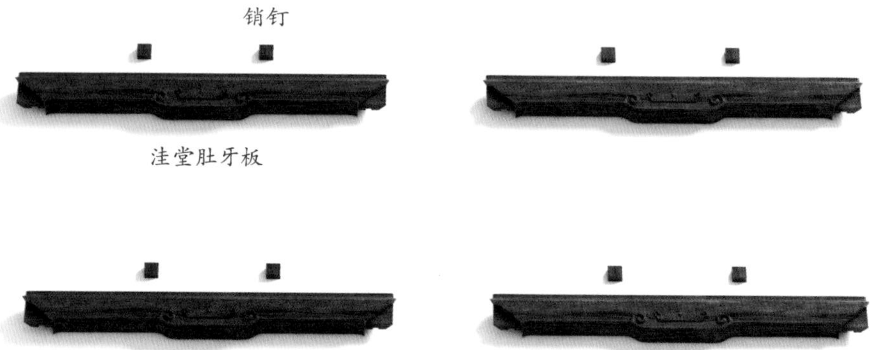

部件示意—牙板（效果图 7）

部件示意—罗锅枨（效果图 8）

部件示意—腿子（效果图 9）

6. 细部详解

细部效果—座面（效果图 10）

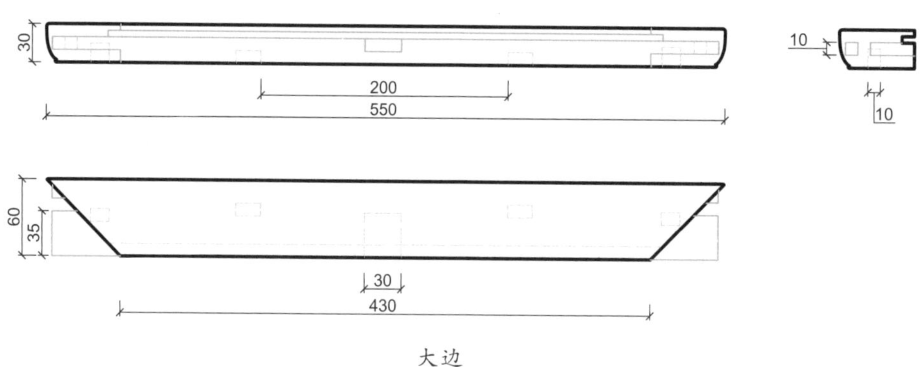

大边

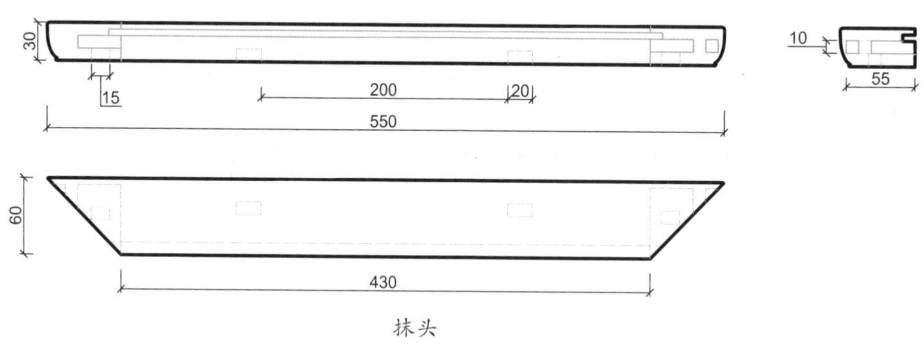

抹头

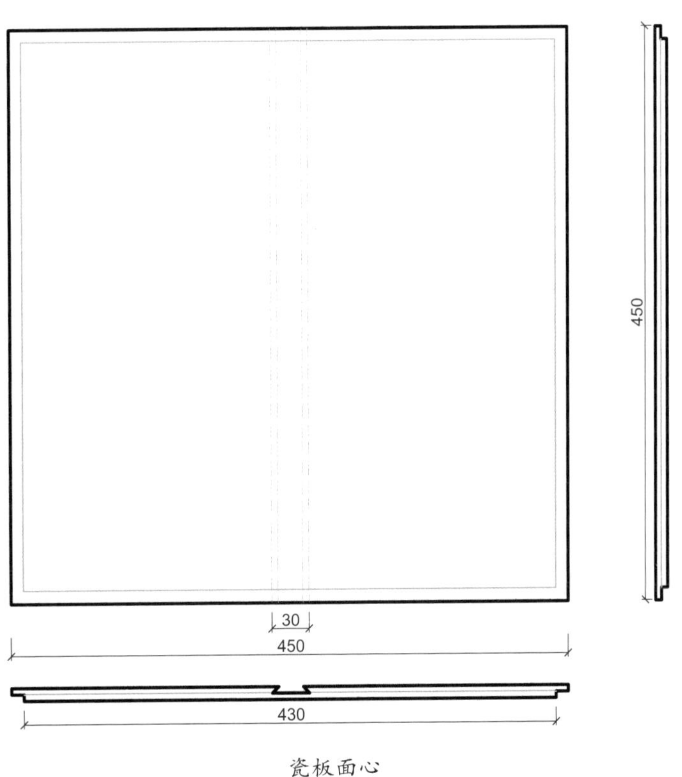

瓷板面心

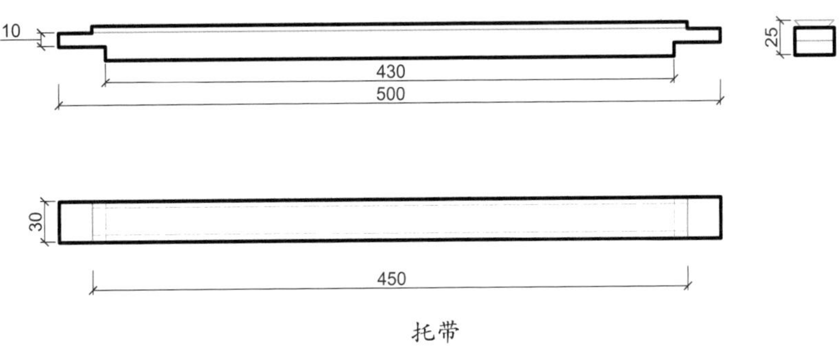

托带

细部结构—座面（CAD 图 2 ~ 图 5）

细部效果—牙板（效果图 11）

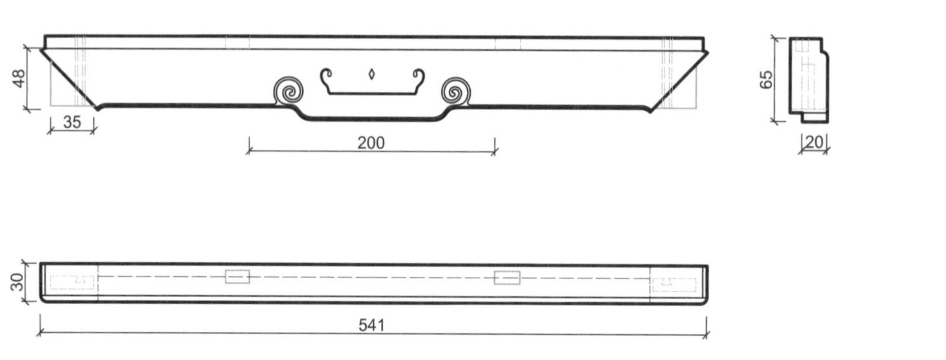

细部结构—牙板（CAD 图 6）

细部效果—罗锅枨（效果图 12）

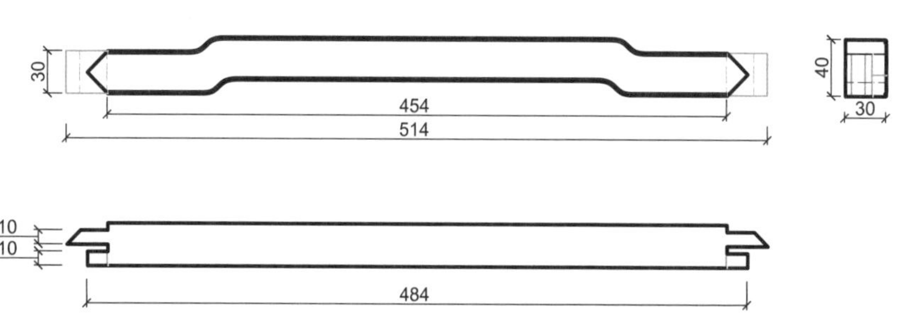

细部结构—罗锅枨（CAD 图 7）

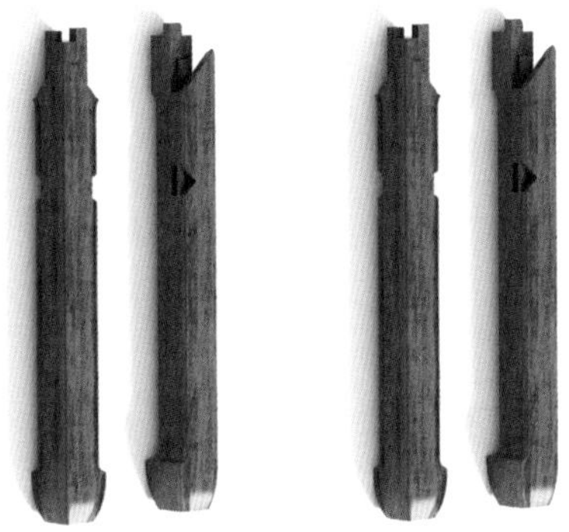

细部效果—腿子（效果图 13）

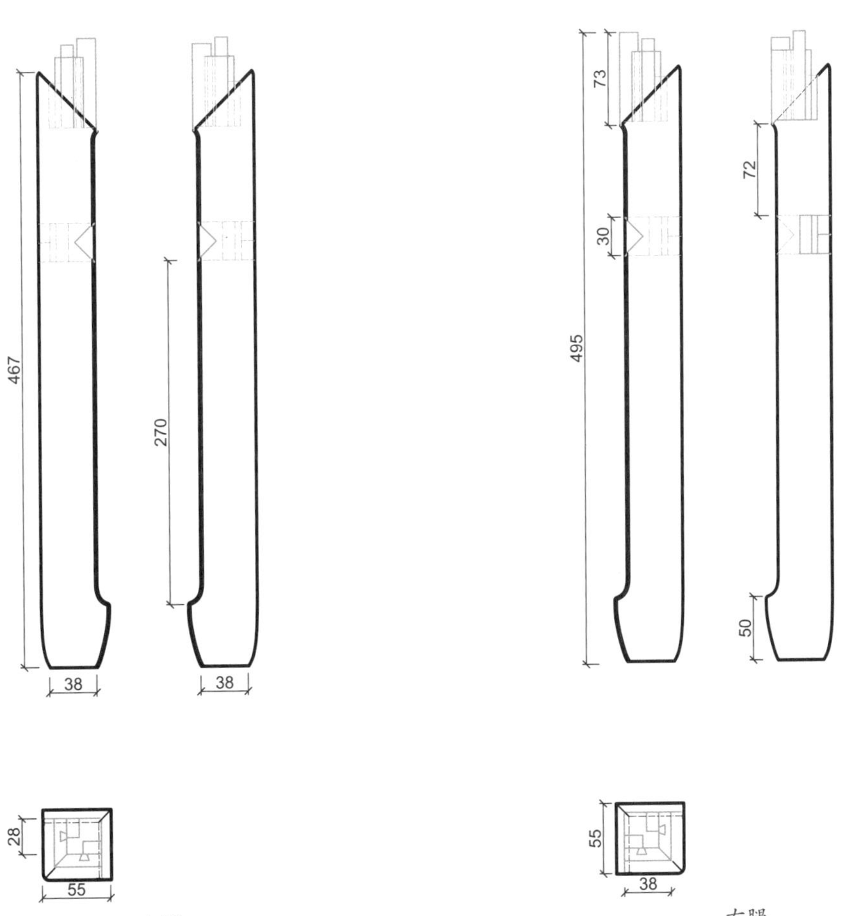

细部结构—腿子（CAD 图 8 ~ 图 9）

回纹罗锅枨方凳

材质：黄花梨

年款：清

整体外观（效果图 1）

1. 器形点评

此方凳凳面方正规整，边抹冰盘沿线脚，下有高束腰。四腿方材，直落到地，至足端雕内翻回纹马蹄足。四腿上部以攒拐子纹牙子相连，形成类似罗锅枨结构。此凳造型简洁，格调朴实。

2. CAD 图示

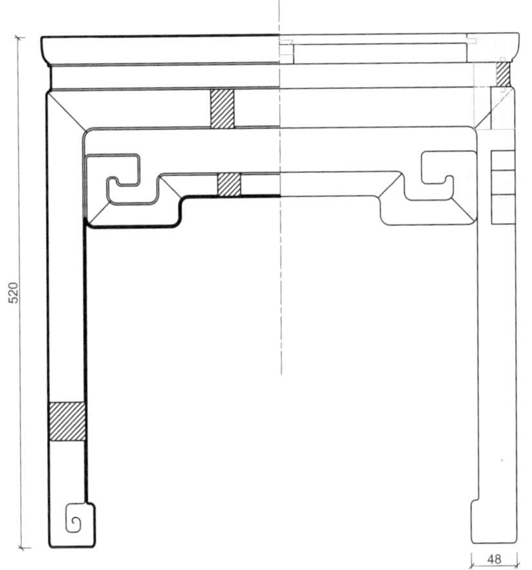

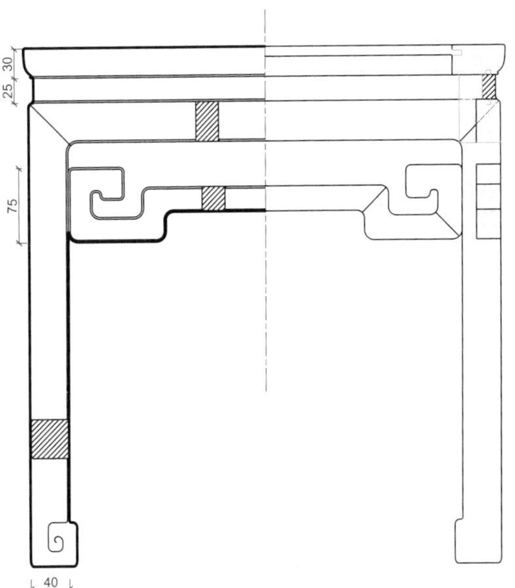

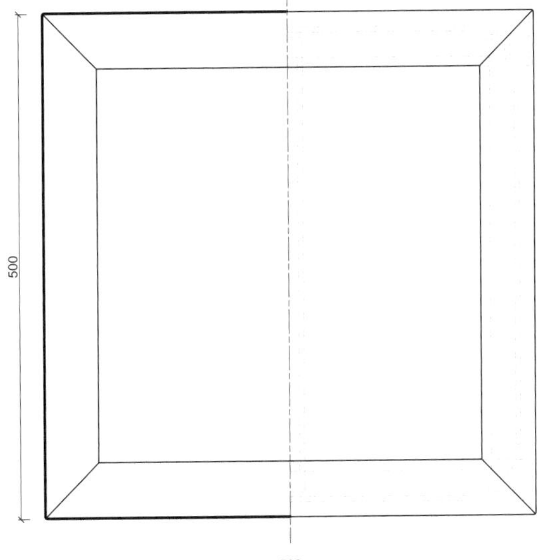

三视结构（CAD 图 1）

3. 用材效果

用材效果（材质：紫檀；效果图 2）

用材效果（材质：黄花梨；效果图 3）

用材效果（材质：红酸枝；效果图 4）

4. 结构爆炸

结构爆炸（效果图 5）

5. 部件示意

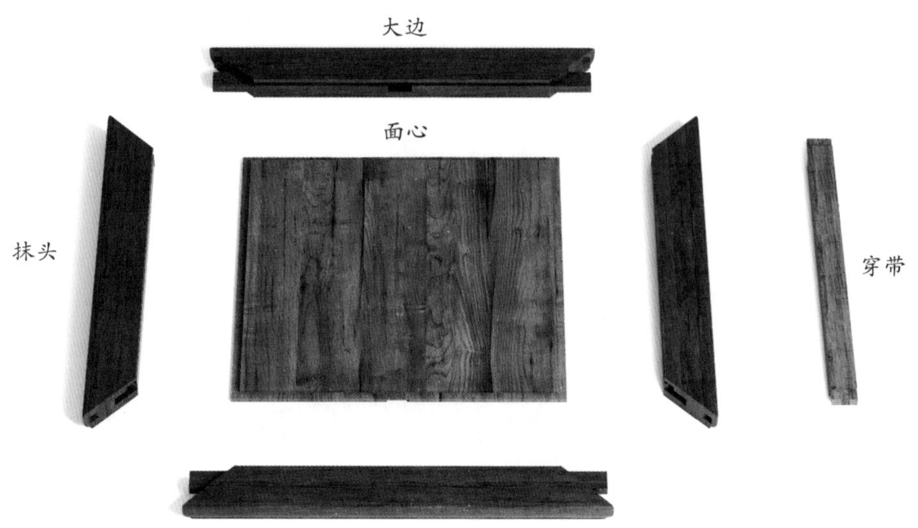

部件示意—座面（效果图 6）

部件示意—束腰（效果图 7）

部件示意—牙板（效果图 8）

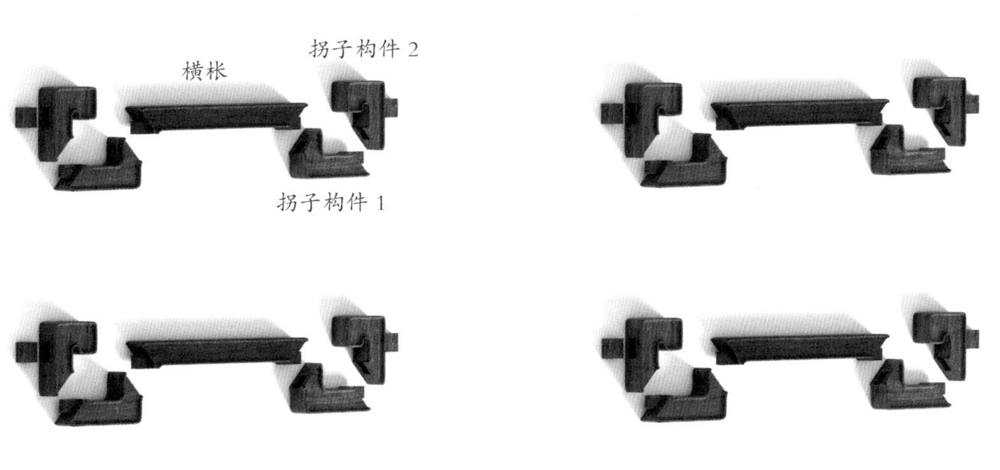

部件示意—罗锅枨（效果图 9）

部件示意—腿子（效果图 10）

6. 细部详解

细部效果—座面（效果图 11）

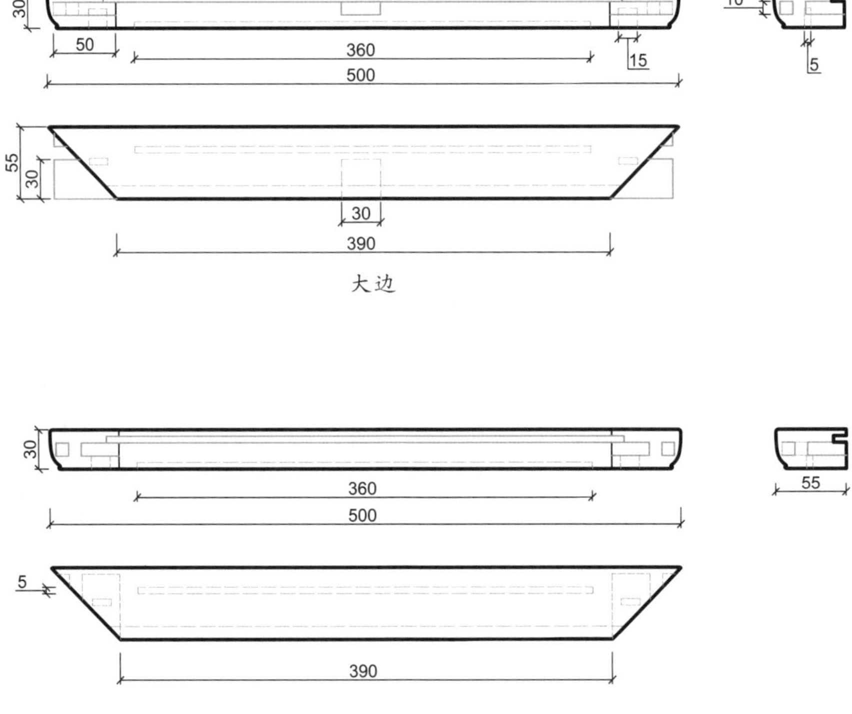

大边

抹头

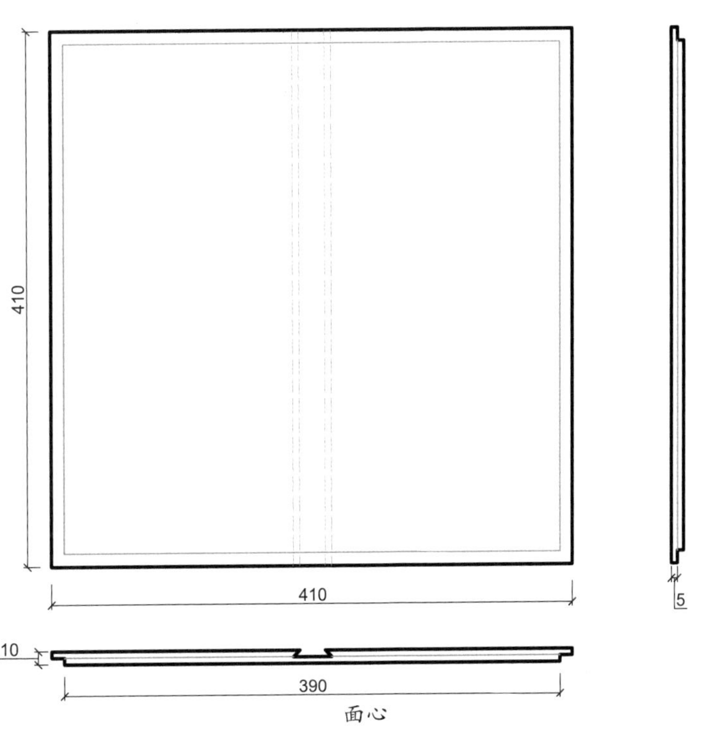

面心

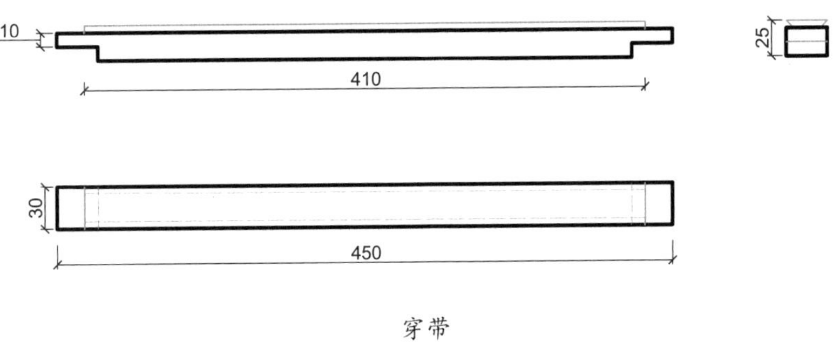

穿带

细部结构—座面（CAD 图 2 ~图 5）

细部效果—束腰（效果图 12）

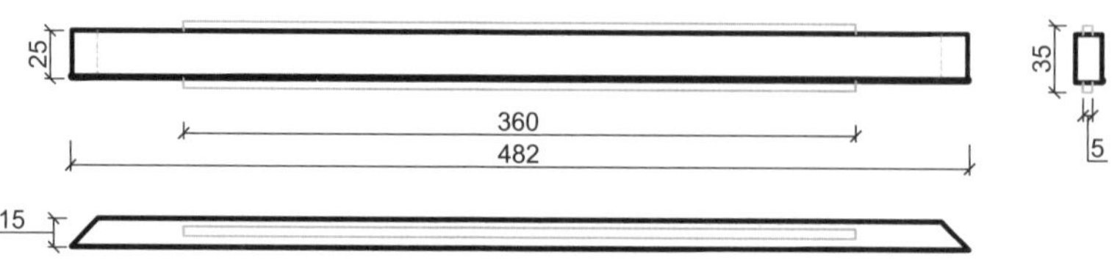

细部结构—束腰（CAD 图 6）

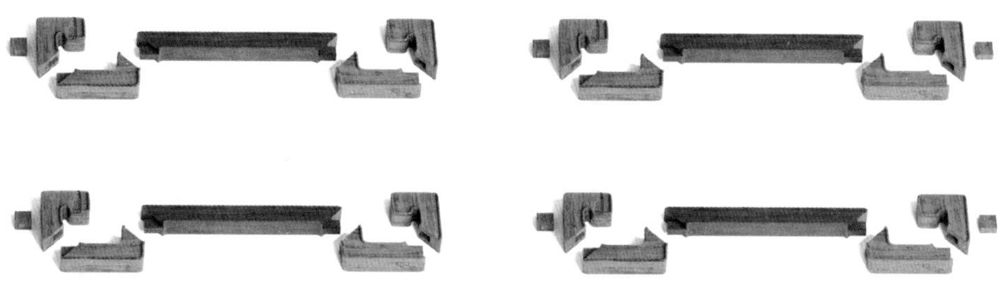

细部效果—罗锅枨（效果图 13）

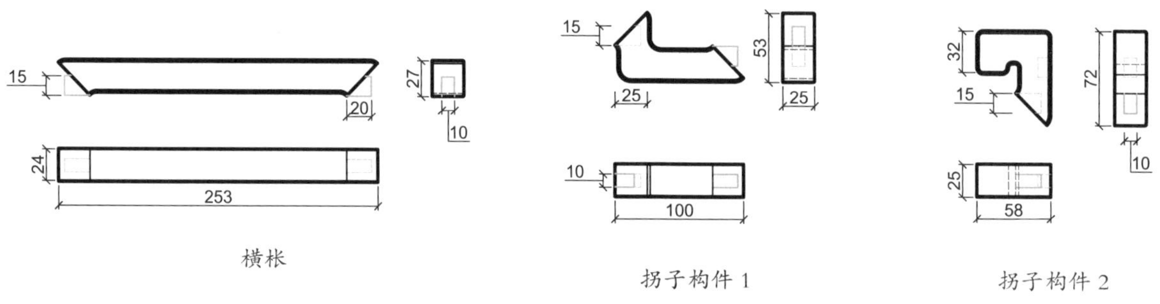

细部结构—罗锅枨（CAD 图 7 ~ 图 9）

细部效果—牙板（效果图 14）

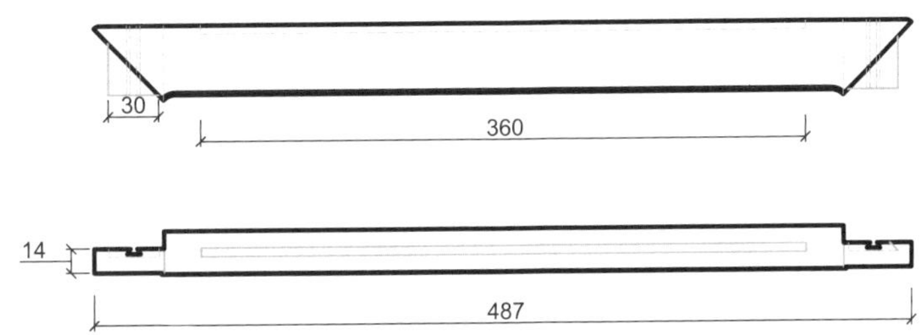

细部结构—牙板（CAD 图 10）

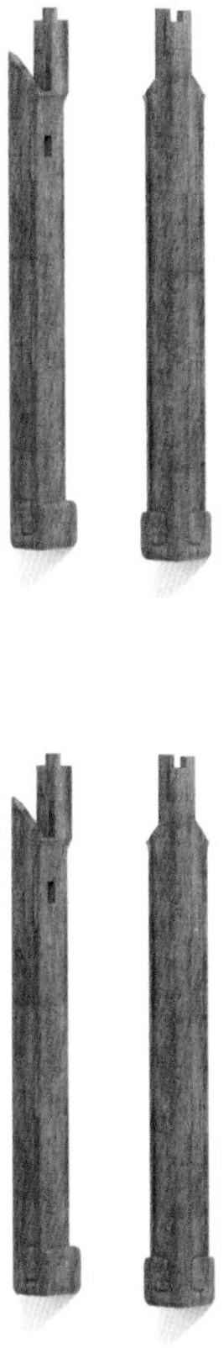

细部效果—腿子（效果图 15）

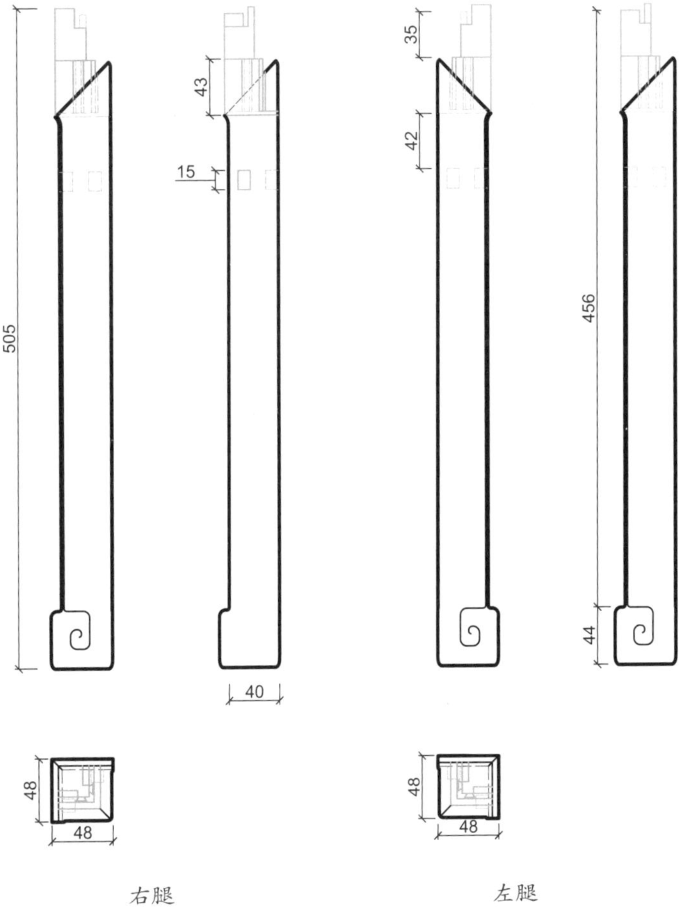

右腿

左腿

细部结构—腿子（CAD 图 11 ~ 图 12）

螭纹卡子花罗锅枨方凳

材质：黄花梨

年款：清

整体外观（效果图 1）

1. 器形点评

此凳凳面攒框打槽装板，方正平直，边抹冰盘沿线脚，下有束腰。四腿为方材，足端雕内翻回纹马蹄足。四腿上端安有拱起的罗锅枨，罗锅枨上装透雕螭龙纹卡子花。

2. CAD 图示

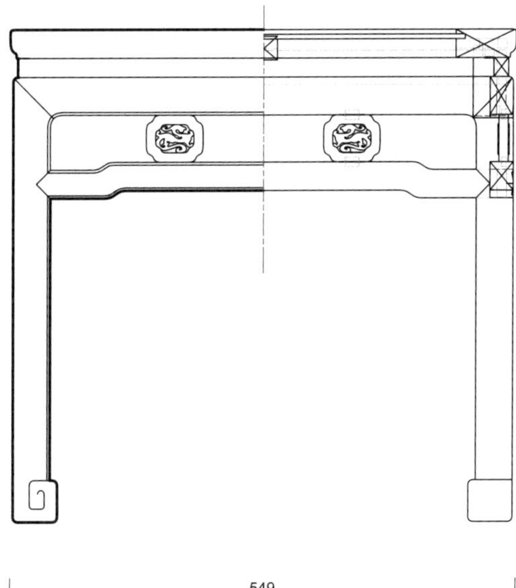

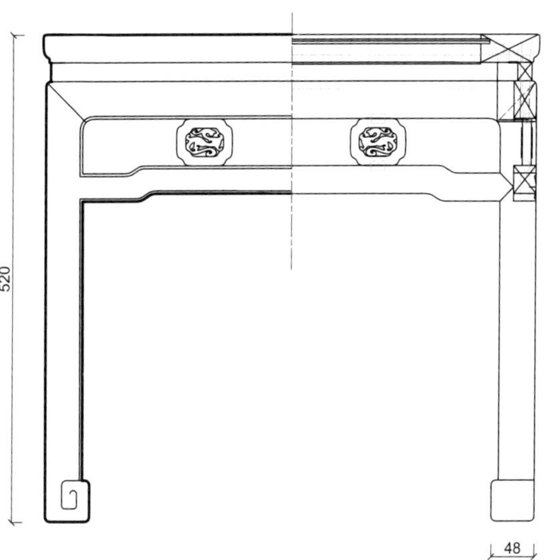

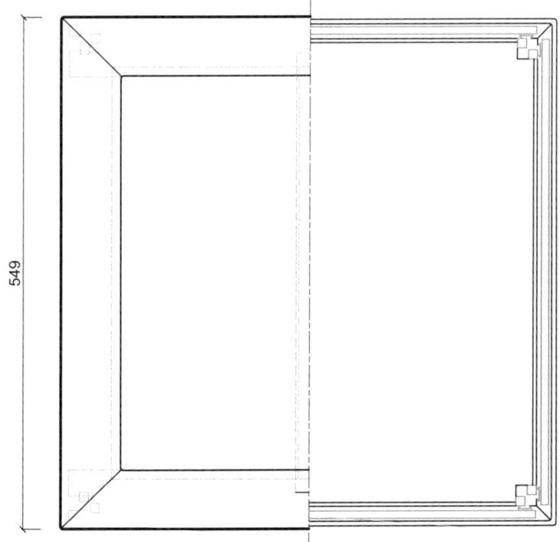

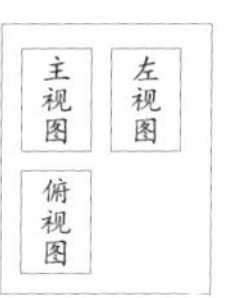

三视结构（CAD 图 1）

3. 用材效果

用材效果（材质：紫檀；效果图 2）

用材效果（材质：黄花梨；效果图 3）

用材效果（材质：红酸枝；效果图 4）

4. 结构爆炸

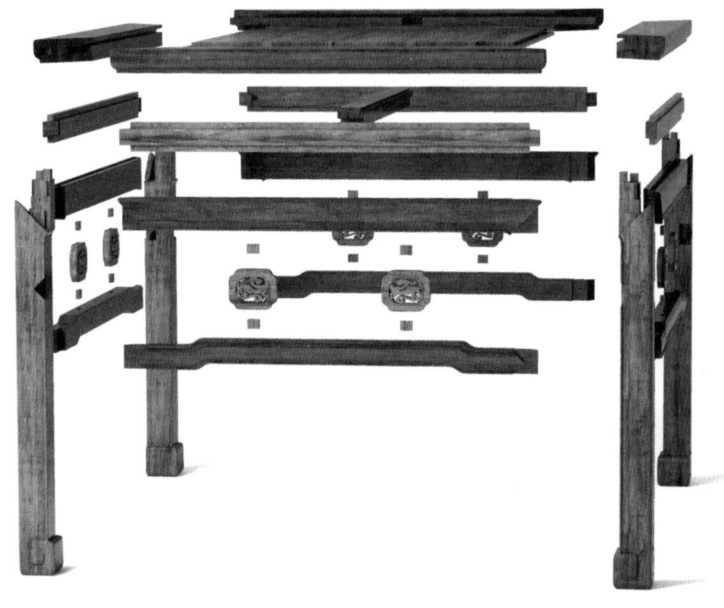

结构爆炸（效果图5）

5. 部件示意

部件示意—座面（效果图 6）

部件示意—束腰（效果图 7）

部件示意—牙板（效果图 8）

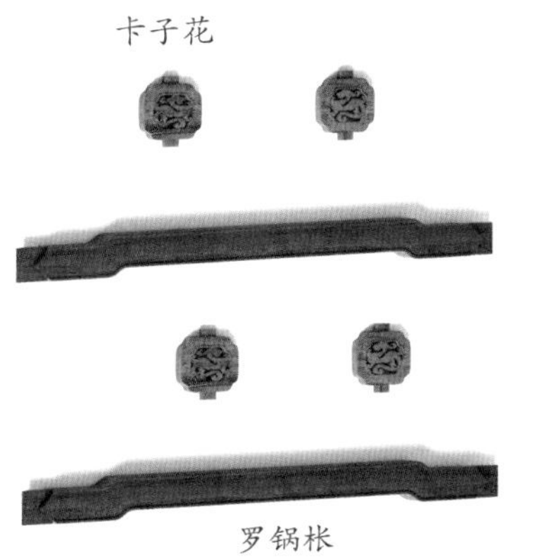

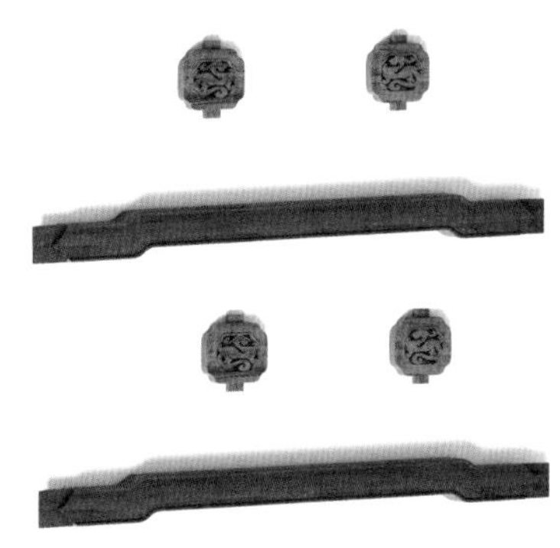

部件示意—罗锅枨和卡子花（效果图 9）

部件示意—腿子（效果图 10）

6. 细部详解

细部效果—座面（效果图 11）

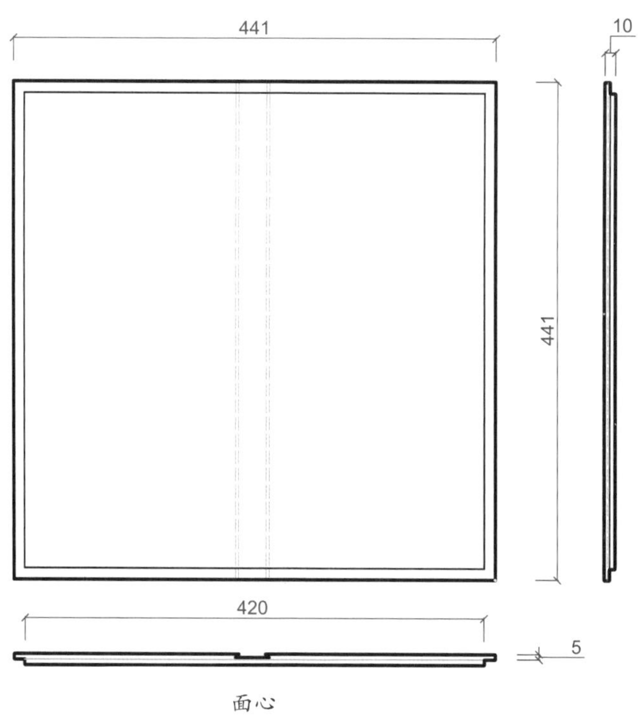

面心

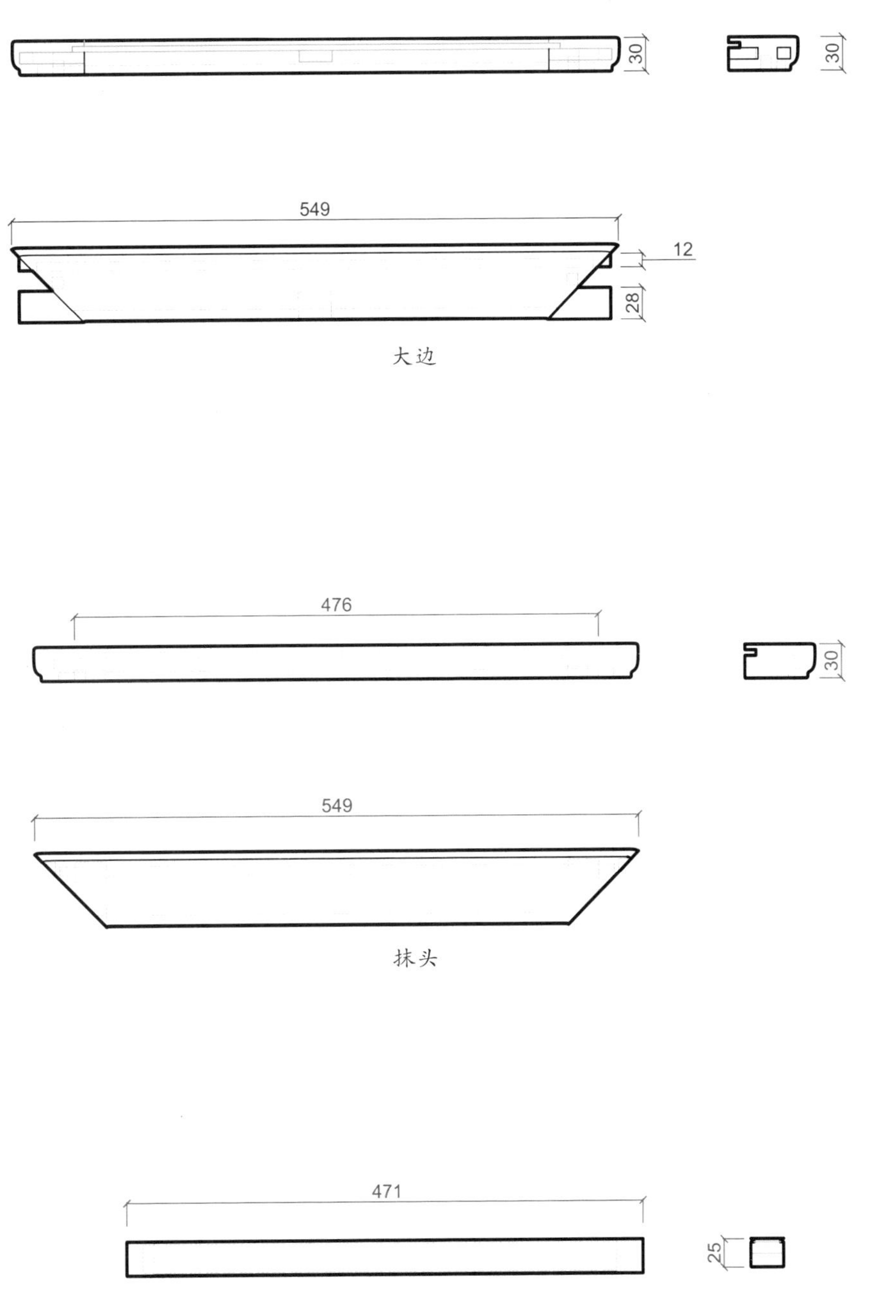

细部结构—座面（CAD 图 2 ~图 5）

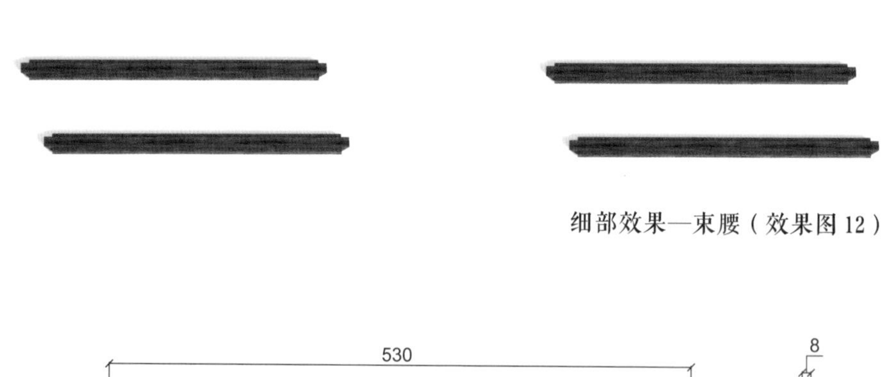

细部效果—束腰（效果图 12）

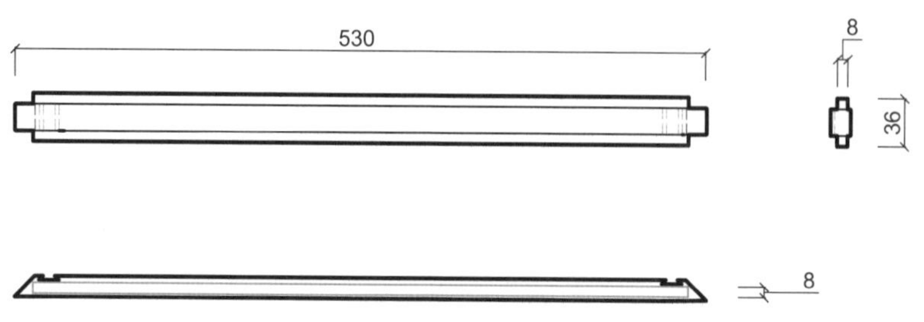

细部结构—束腰（CAD 图 6）

细部效果—罗锅枨和卡子花（效果图 13）

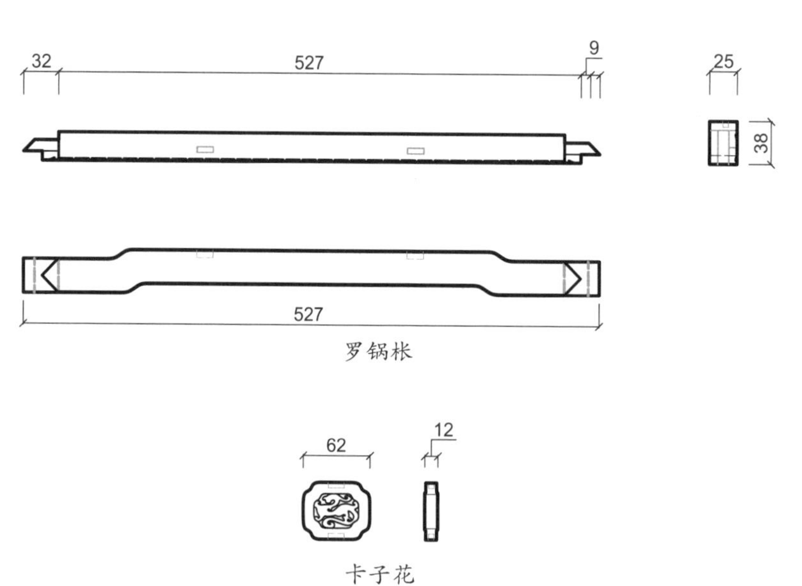

细部结构—罗锅枨和卡子花（CAD 图 7 ~ 图 8）

细部效果—牙板（效果图 14）

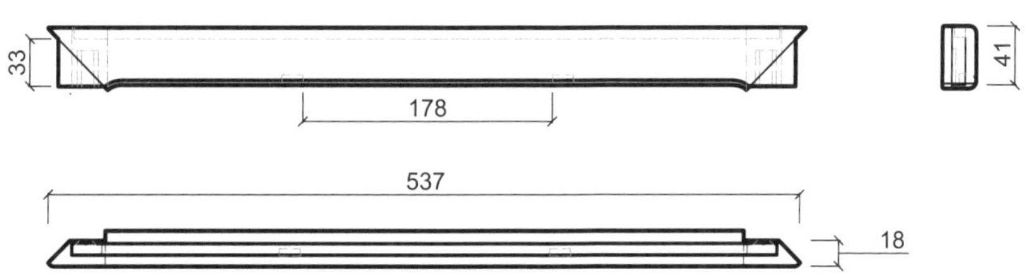

细部结构—牙板（CAD 图 9）

细部效果—腿子（效果图 15）

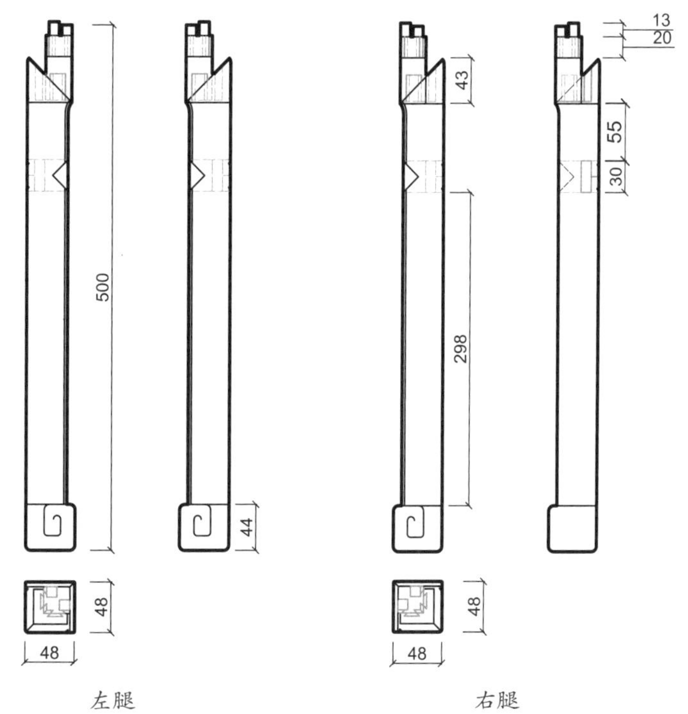

细部结构—腿子（CAD 图 10 ~ 图 11）

喷面高束腰罗锅枨方凳

材质：黄花梨

年款：清

整体外观（效果图 1）

1. 器形点评

此凳的座面为双层，上层为正方形，下层的正方形好似上层的承座，四角雕出向内翻卷的拐子足，双层座面形成喷面。再往下为向内缩进的高束腰，束腰处透雕出一排类似于丁字形的立柱，束腰下为肥厚的托腮。四腿为方材，直落到地。四腿上下分别以罗锅枨和罗锅底枨相连。此方凳设计别出新意，双层座面加强了承重力，透空的丁字形立柱组成的束腰显得空灵逸秀，整体造型稳重大方，既实用又美观。

2. CAD 图示

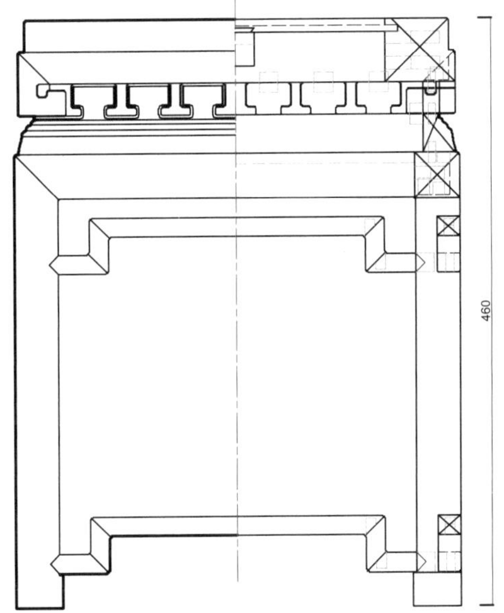

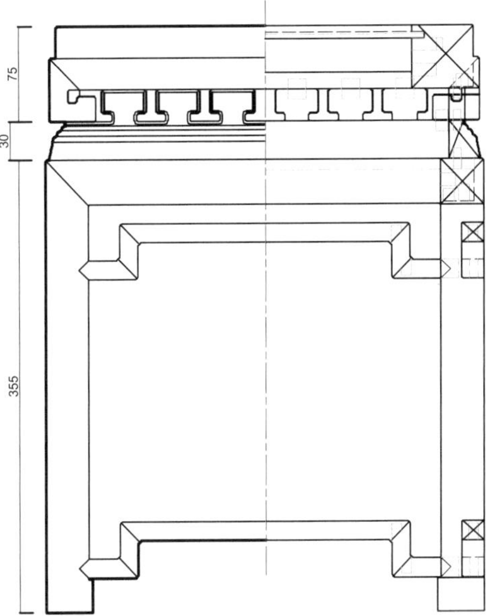

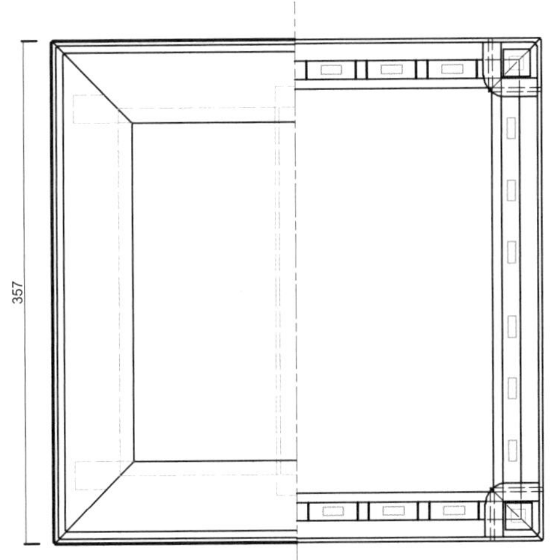

三视结构（CAD 图 1）

3. 用材效果

用材效果（材质：紫檀；效果图 2）

用材效果（材质：黄花梨；效果图 3）

用材效果（材质：红酸枝；效果图 4）

4. 结构爆炸

结构爆炸（效果图 5）

5. 部件示意

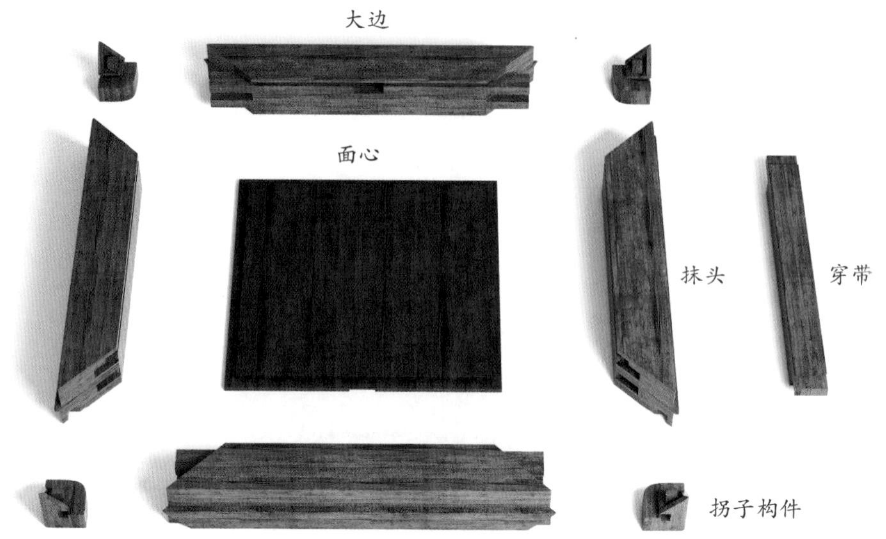

部件示意—座面（效果图 6）

部件示意—束腰（效果图 7）

部件示意—牙板（效果图 8）

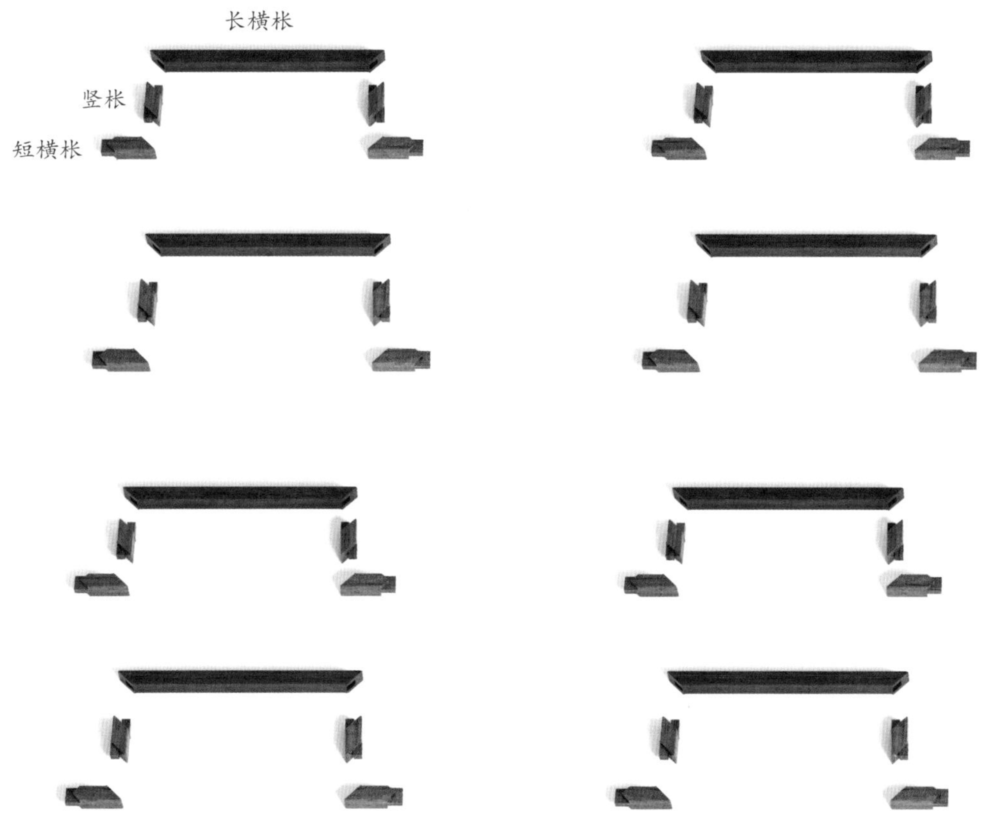

部件示意—罗锅枨（效果图 9）

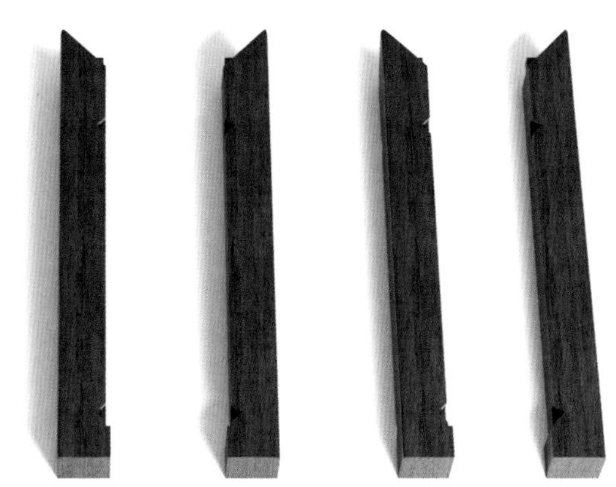

部件示意—腿子（效果图 10）

6. 细部详解

细部效果—座面（效果图 11）

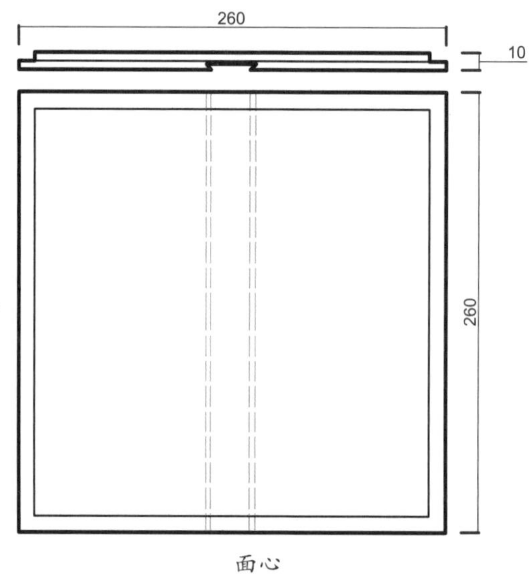

面心

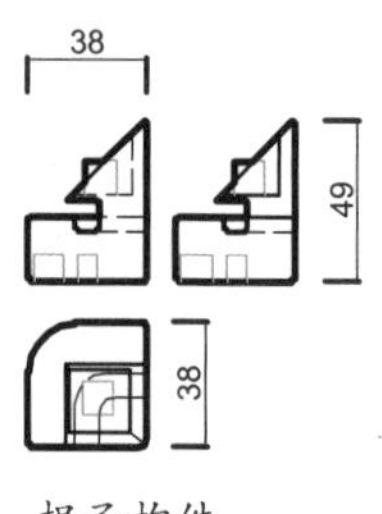

拐子构件

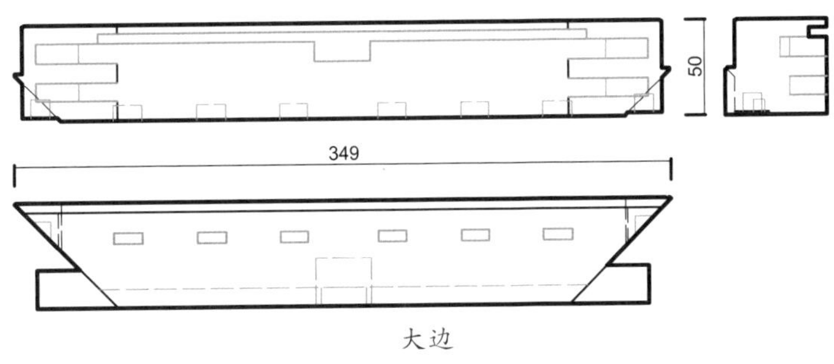

大边

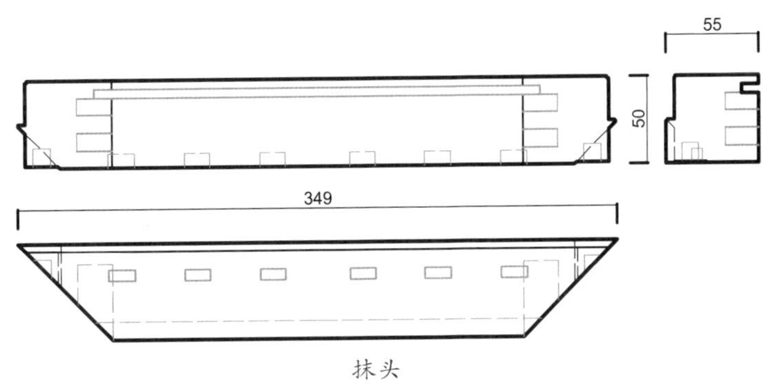

抹头

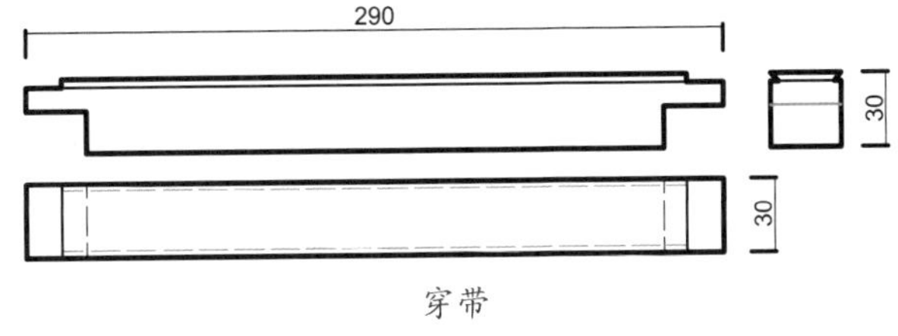

穿带

细部结构—座面（CAD 图 2 ~图 6）

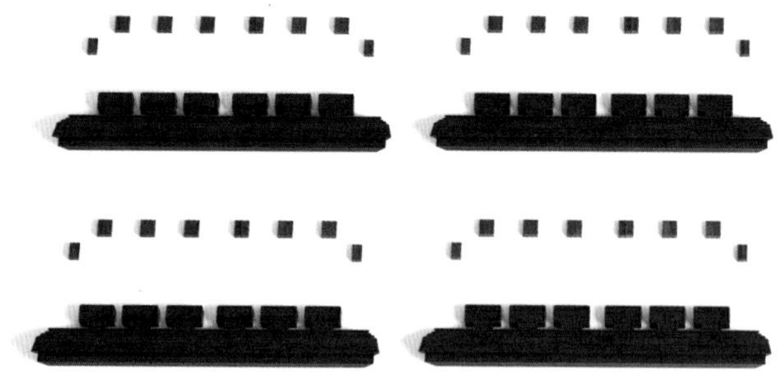

细部效果—束腰（效果图 12）

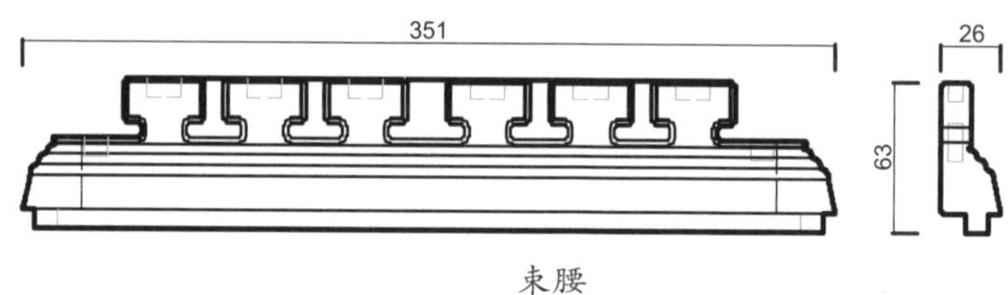

细部结构—束腰（CAD 图 7）

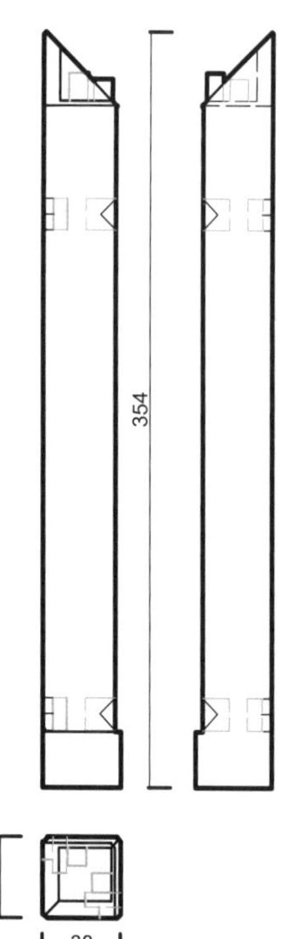

细部结构—腿子（CAD 图 8）

细部效果—腿子（效果图 13）

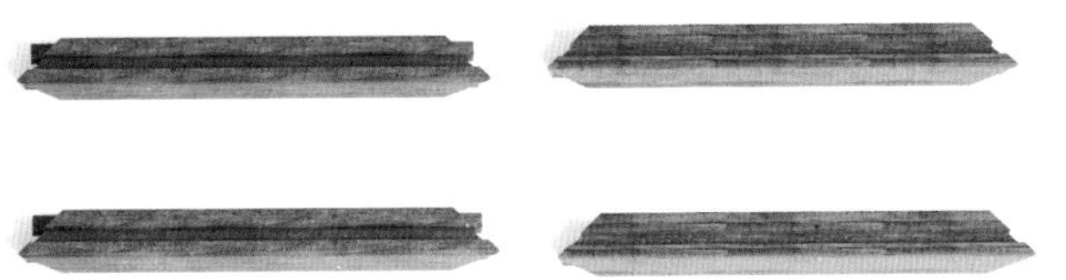

细部效果—牙板（效果图 14）

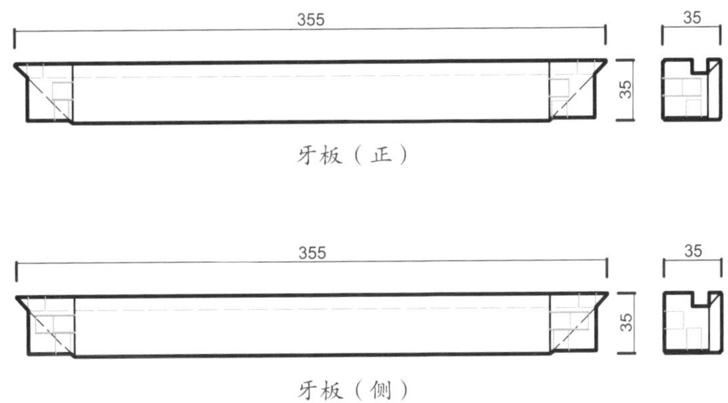

细部结构—牙板（CAD 图 9 ~ 图 10）

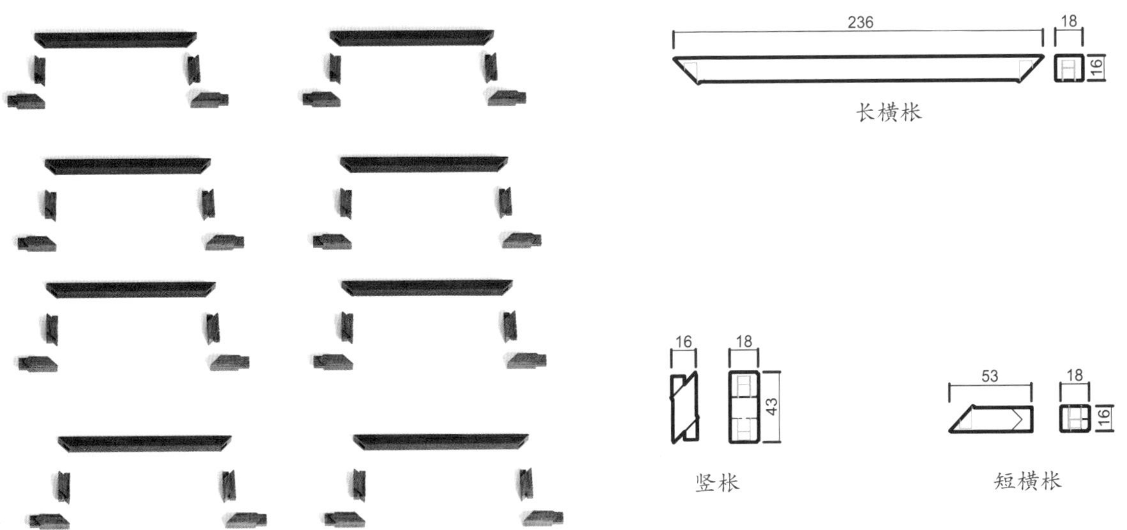

细部效果—罗锅枨（效果图 15）

细部结构—罗锅枨（CAD 图 11 ~ 图 13）

鼓腿彭牙方凳

材质：红酸枝

年款：明

整体外观（效果图 1）

1. 器形点评

此方凳凳面方正平直，攒框打槽，中镶木板贴席，凳面之下有束腰。洼堂肚牙子正中浮雕卷云纹，牙子两端与四腿相交处安云纹角牙。鼓腿彭牙，内翻马蹄足。此凳装饰无多，以云纹雕饰略施粉黛，造型上线脚圆润，端庄秀雅。

2. CAD 图示

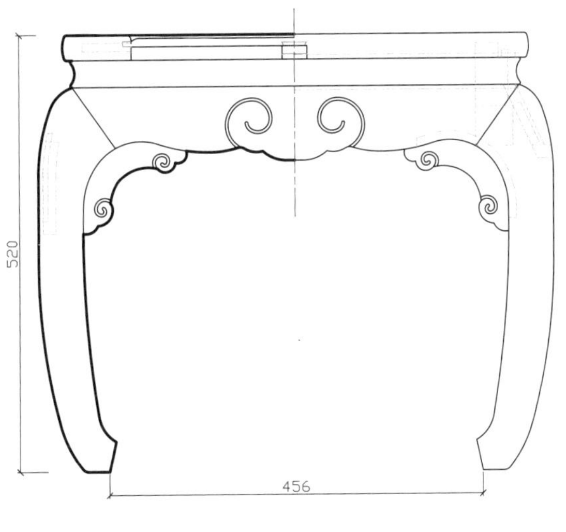

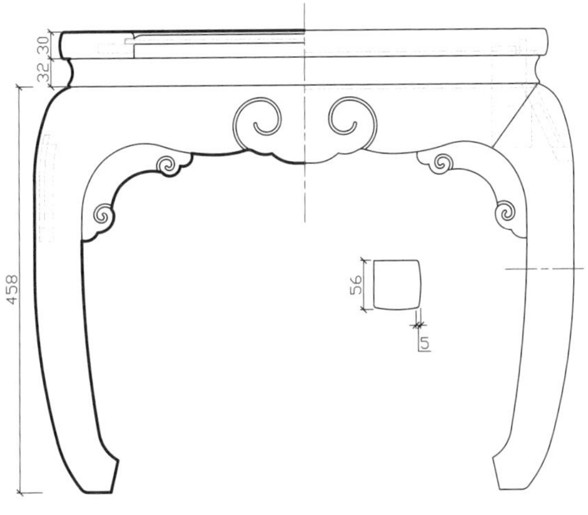

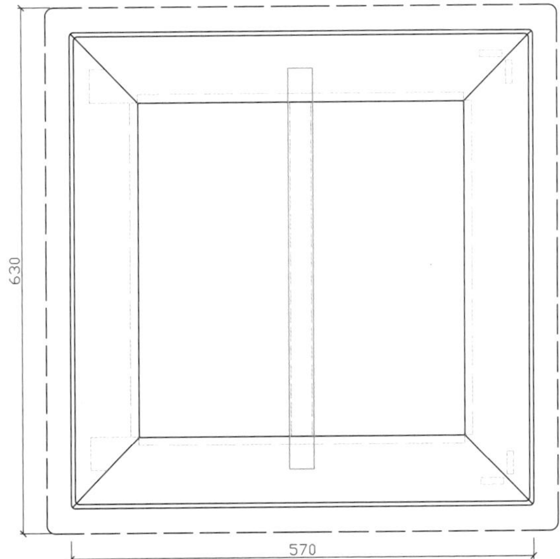

三视结构（CAD 图 1）

3. 用材效果

用材效果（材质：紫檀；效果图 2）

用材效果（材质：黄花梨；效果图 3）

用材效果（材质：红酸枝；效果图 4）

4. 结构爆炸

结构爆炸（效果图 5）

5. 部件示意

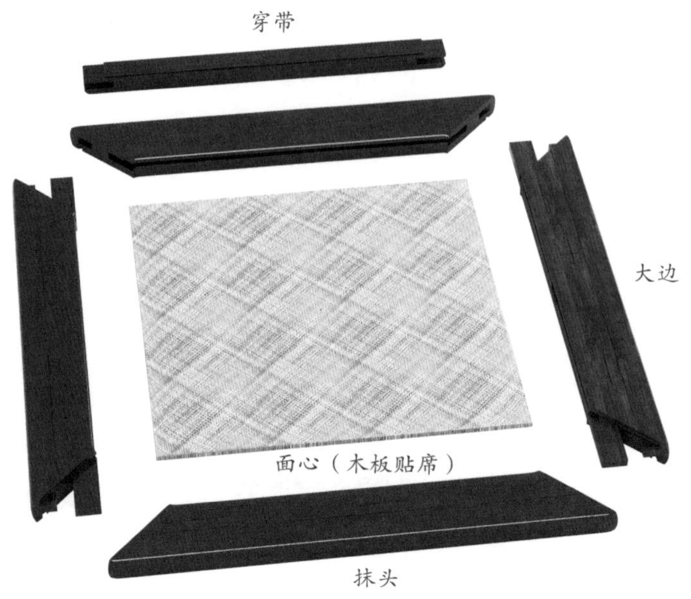

部件示意—座面（效果图6）

部件示意—束腰（效果图7）

部件示意—牙子（效果图 8）

部件示意—腿子（效果图 9）

6. 细部详解

细部效果—座面（效果图 10）

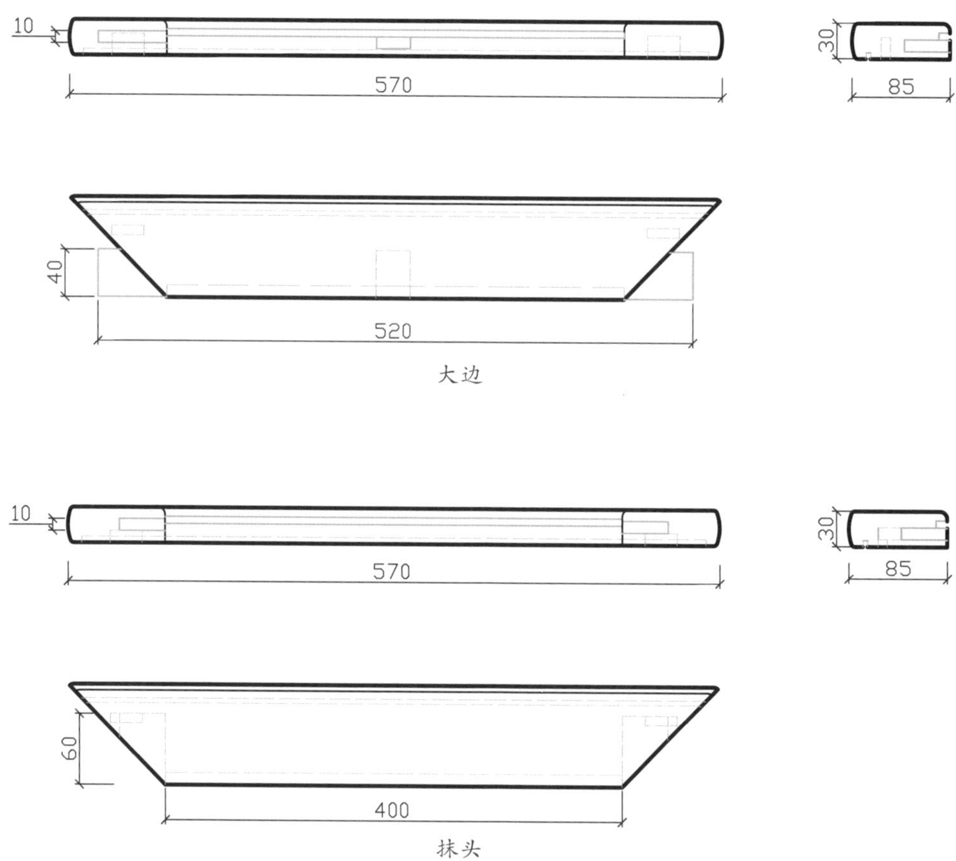

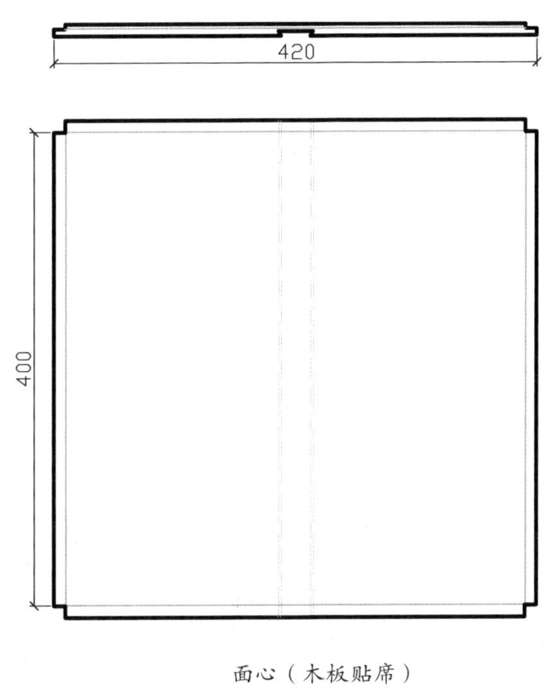

面心（木板贴席）

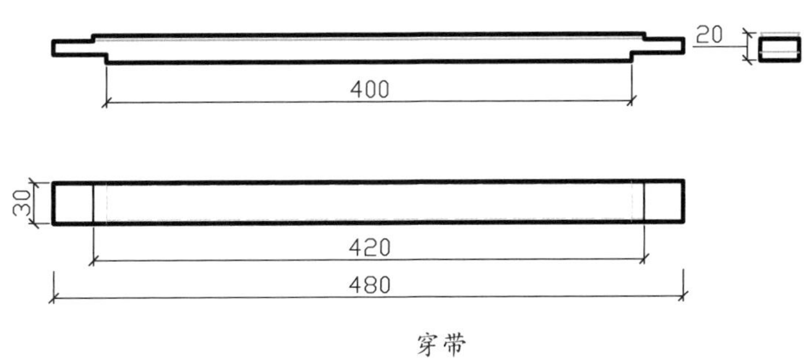

穿带

细部结构—座面（CAD 图 2 ~ 图 5）

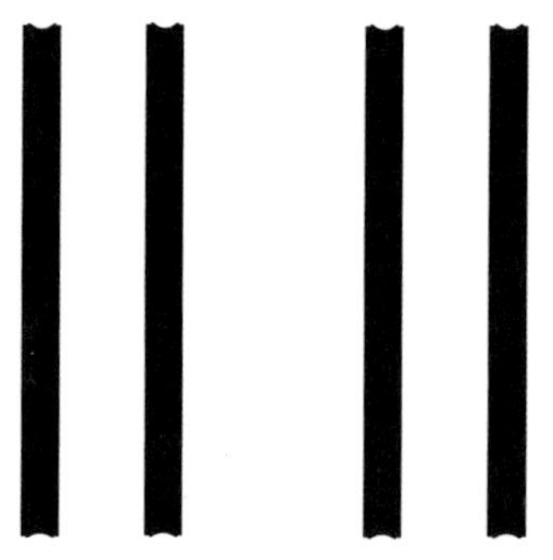

细部效果—束腰（效果图 11）

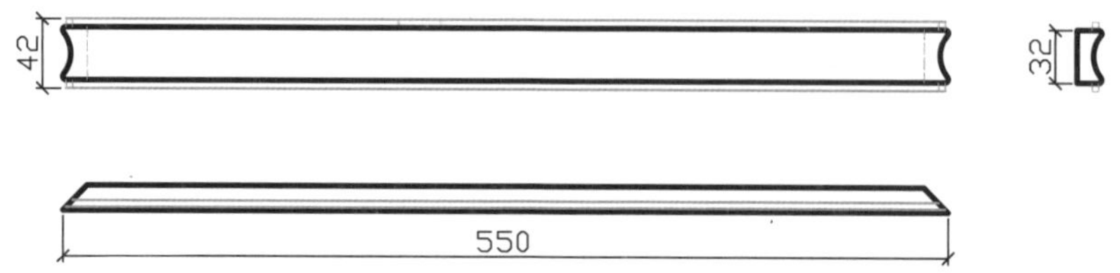

细部结构—束腰（CAD 图 6）

细部效果—牙子（效果图 12）

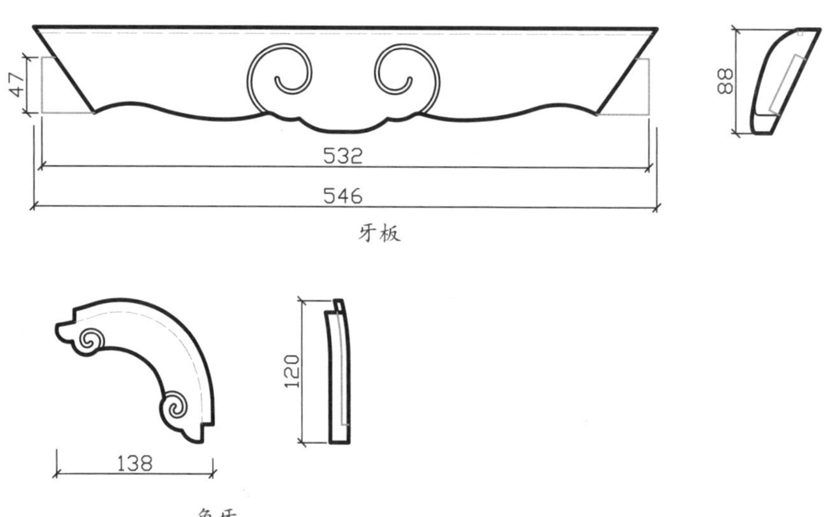

细部结构—牙子（CAD 图 7 ~图 8）

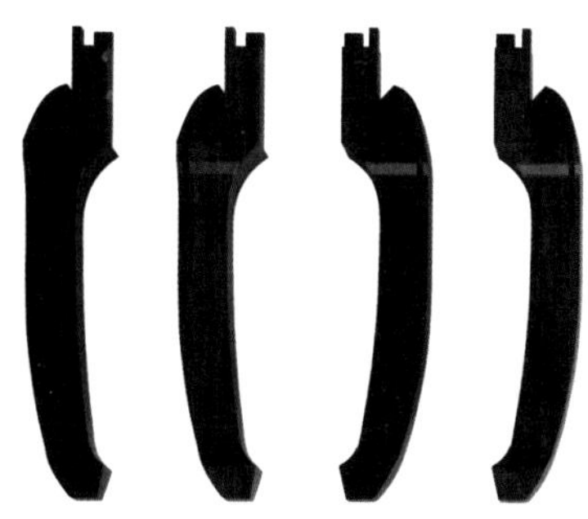

细部效果—腿子（效果图 13）

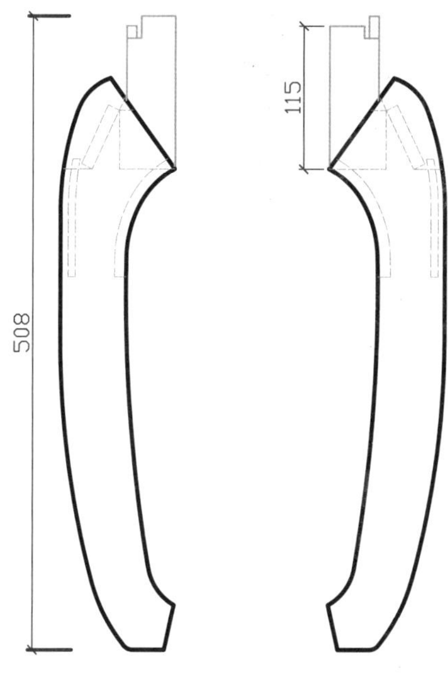

左腿

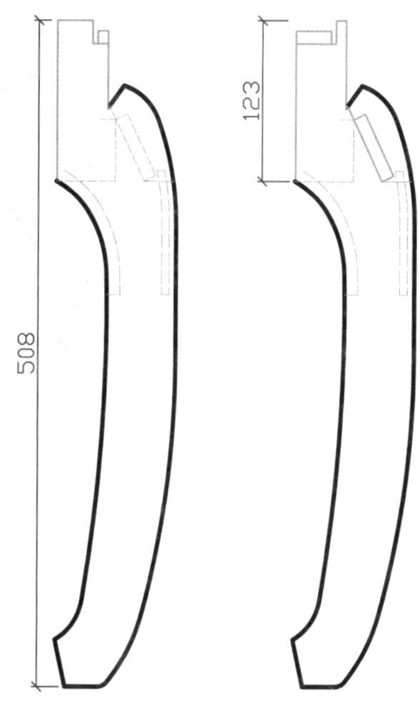

右腿

细部结构—腿子（CAD 图 9 ~图 10）

卷云纹委角长方凳

材质：紫檀

年款：清

整体外观（效果图 1）

1. 器形点评

此凳凳面长方形，边角并非棱角分明呈 90° 直角，而是比较圆润的，类似圆角。座面下高束腰，略打洼，洼堂肚牙板正中浮雕卷云纹，四腿与牙板之间以粽角榫相接，略呈鼓腿彭牙之状，足端内翻，四腿足端管脚枨做成罗锅枨形式。

2. CAD 图示

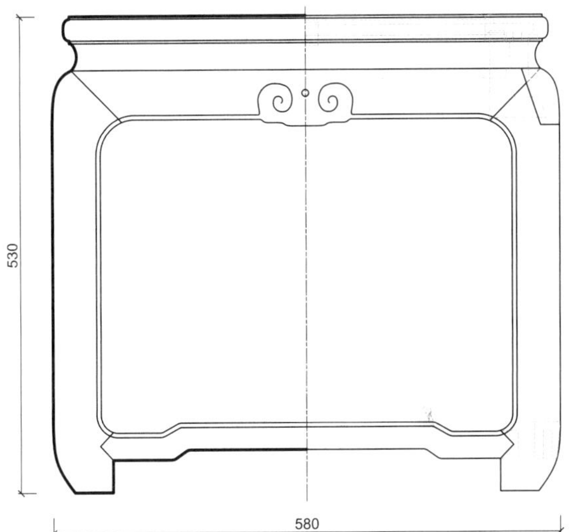

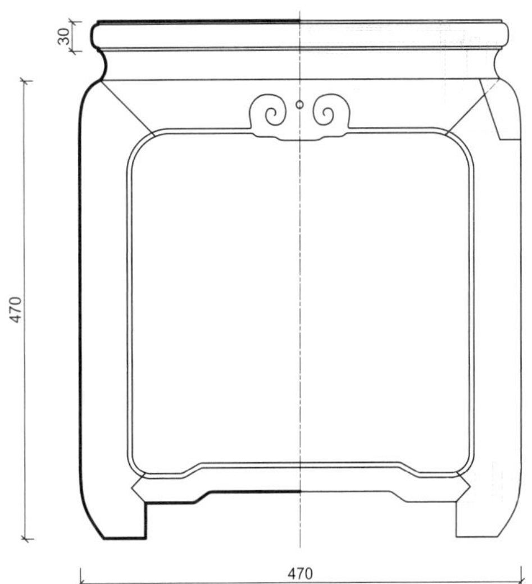

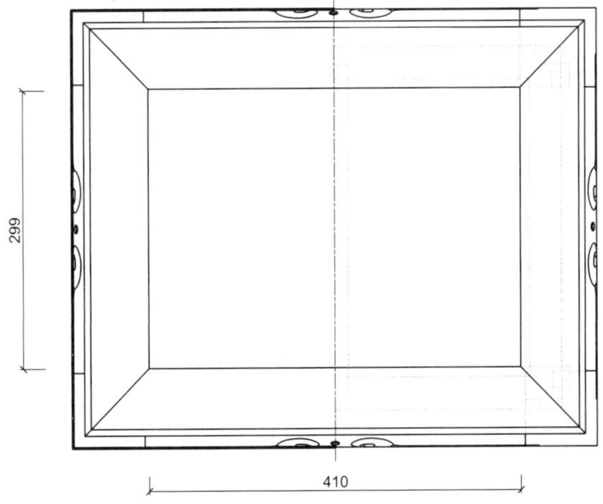

三视结构（CAD 图 1）

3. 用材效果

用材效果（材质：紫檀；效果图 2）

用材效果（材质：黄花梨；效果图 3）

用材效果（材质：红酸枝；效果图 4）

4. 结构爆炸

结构爆炸（效果图 5）

5. 部件示意

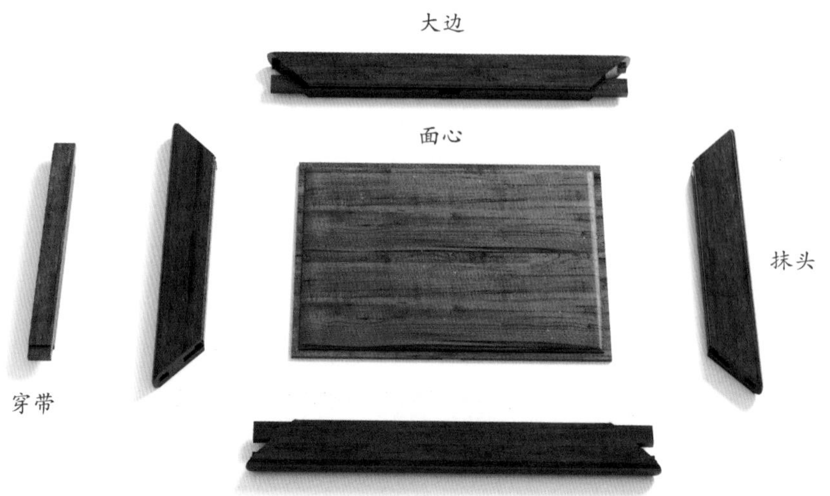

部件示意—座面（效果图 6）

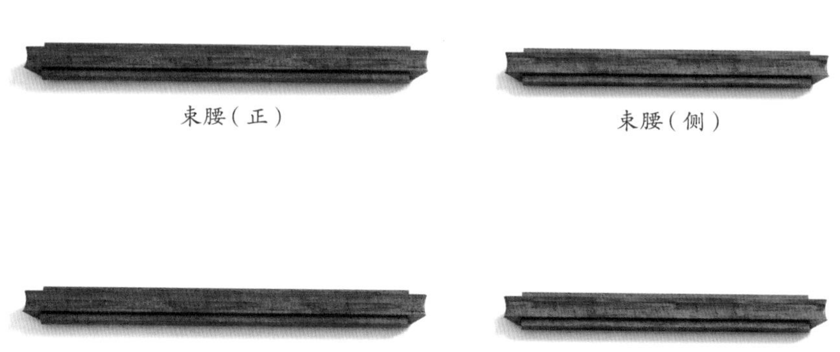

部件示意—束腰（效果图 7）

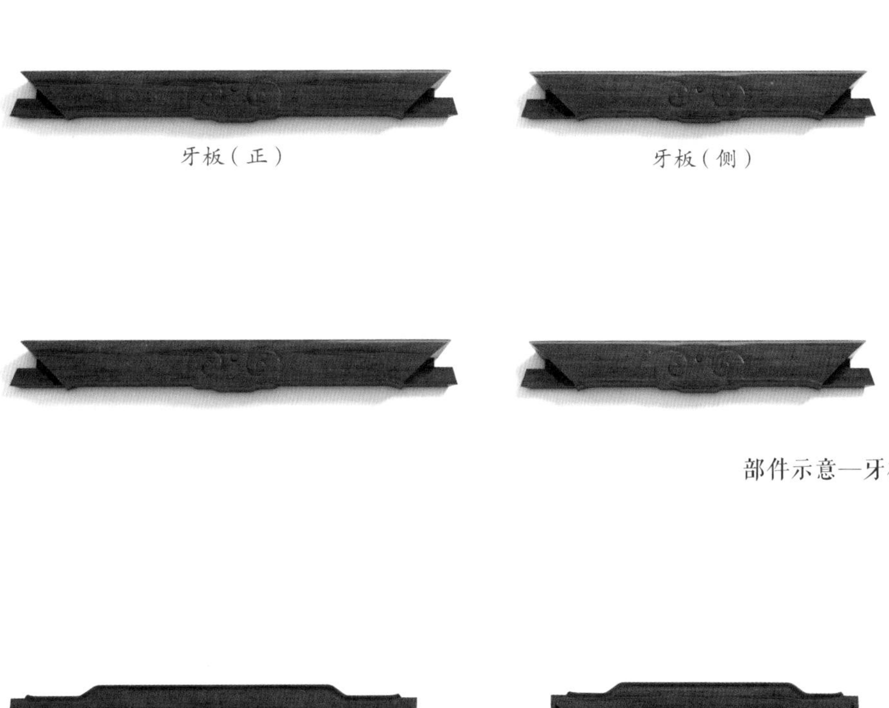

牙板（正）　牙板（侧）

部件示意—牙板（效果图 8）

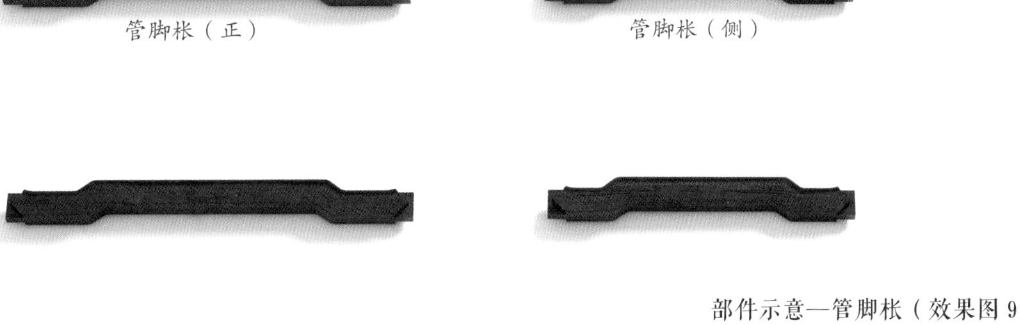

管脚枨（正）　管脚枨（侧）

部件示意—管脚枨（效果图 9）

部件示意—腿子（效果图 10）

6. 细部详解

细部效果—座面（效果图 11）

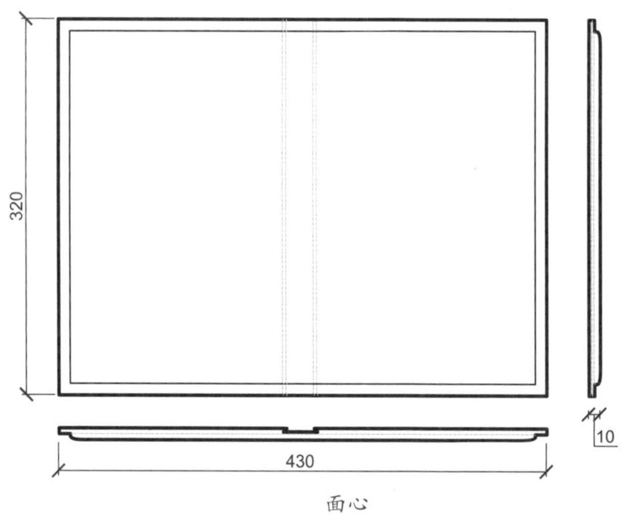

面心

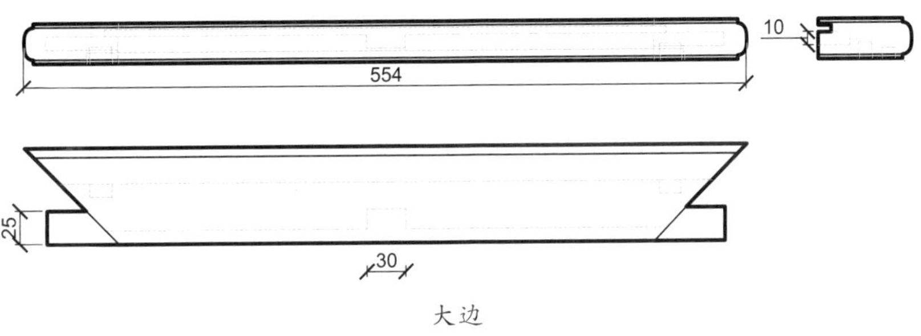

大边

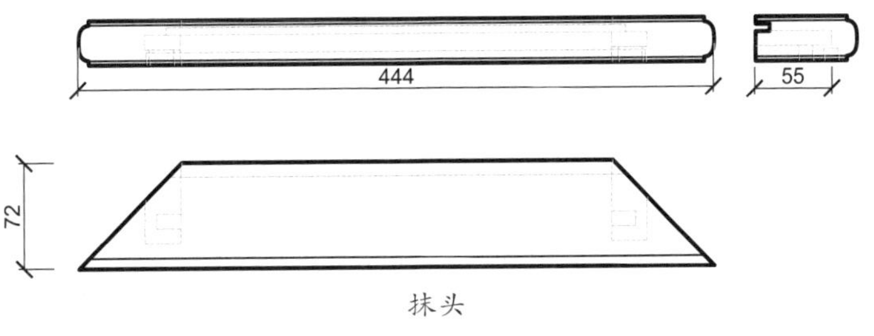

抹头

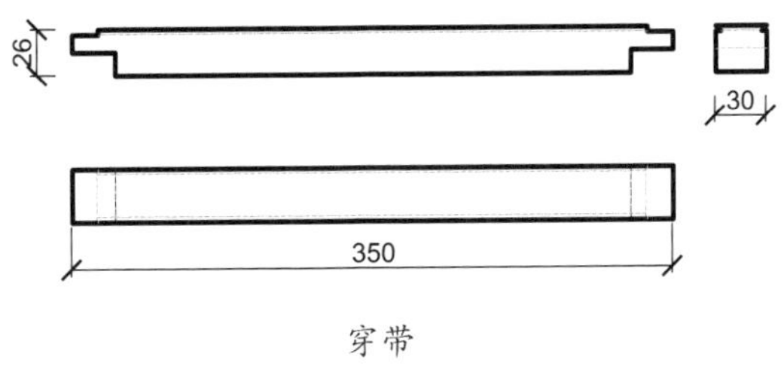

穿带

细部结构—座面（CAD图2～图5）

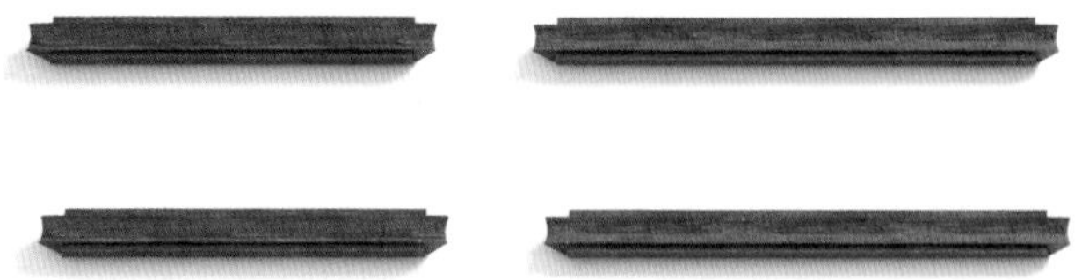

细部效果—束腰（效果图 12）

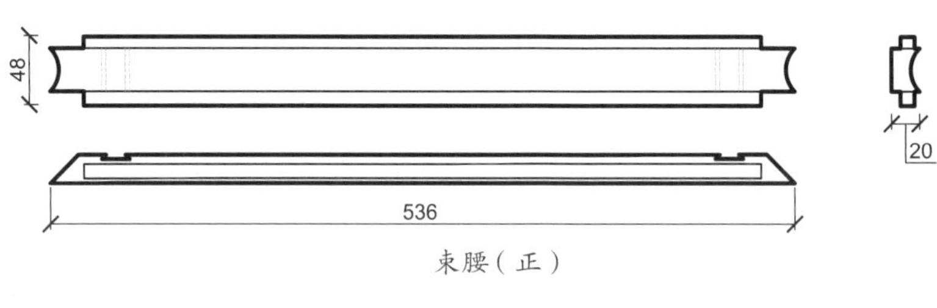

束腰（正）

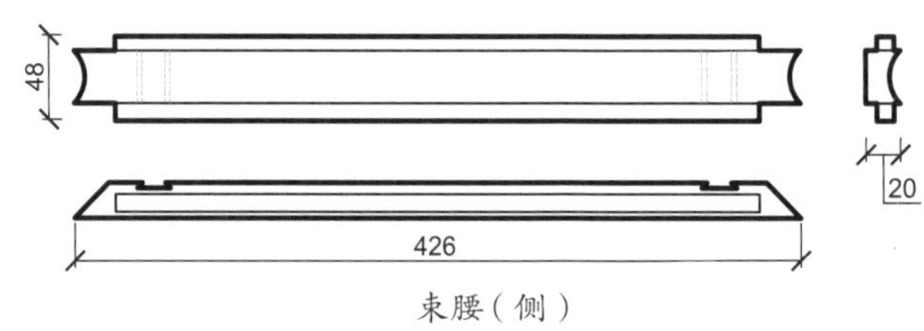

束腰（侧）

细部结构—束腰（CAD 图 6 ~图 7）

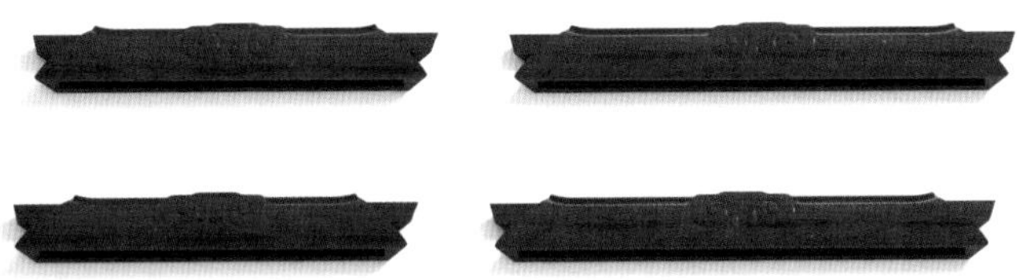

细部效果—牙板（效果图 13）

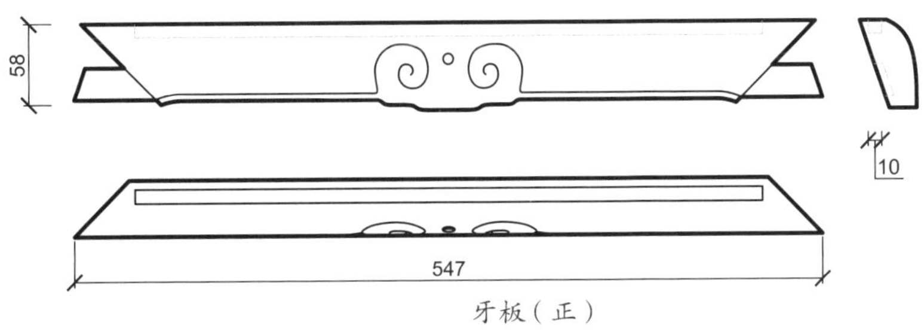

牙板（正）

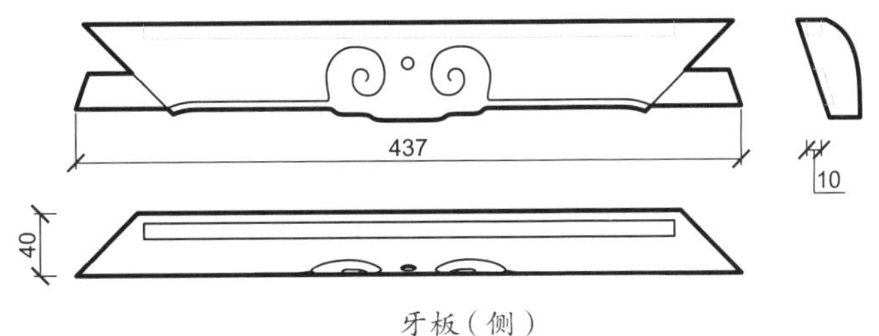

牙板（侧）

细部结构—牙板（CAD 图 8 ~ 图 9）

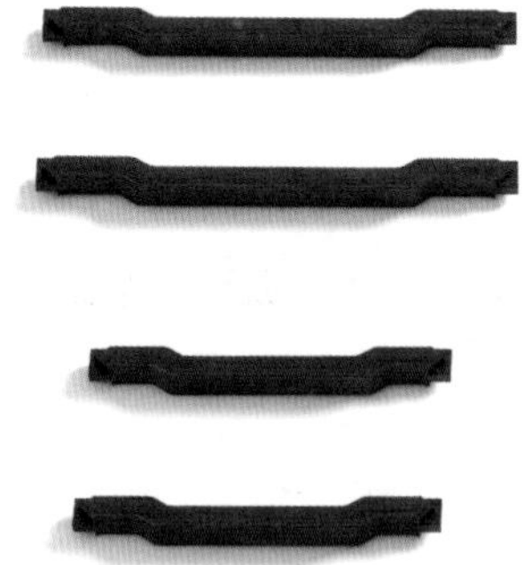

细部效果—管脚枨（效果图 14）

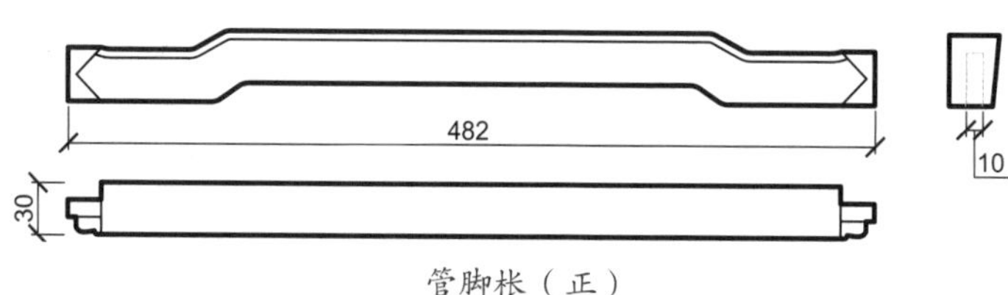

管脚枨（正）

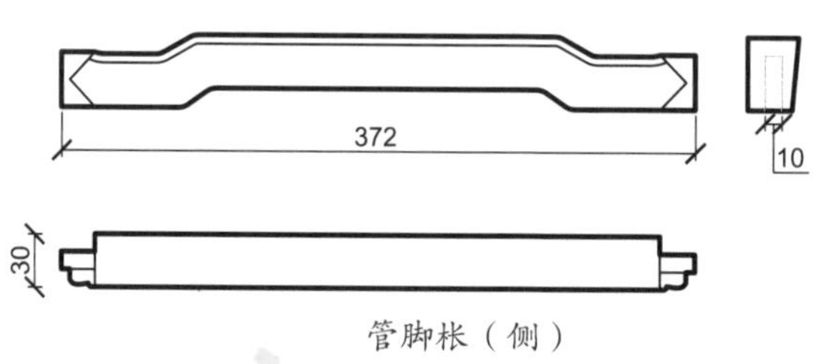

管脚枨（侧）

细部结构—管脚枨（CAD 图 10 ~ 图 11）

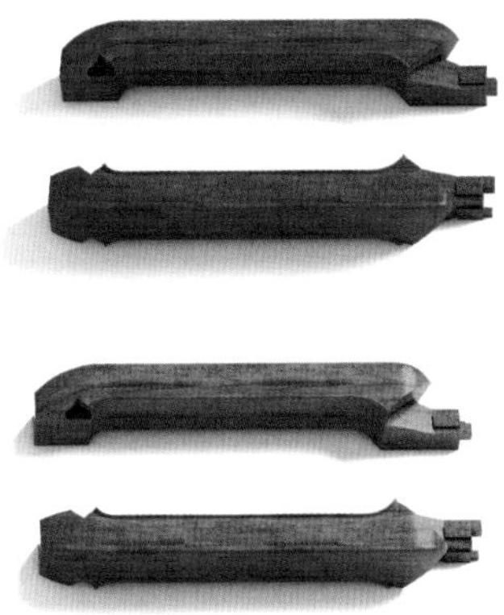

细部效果—腿子（效果图 15）

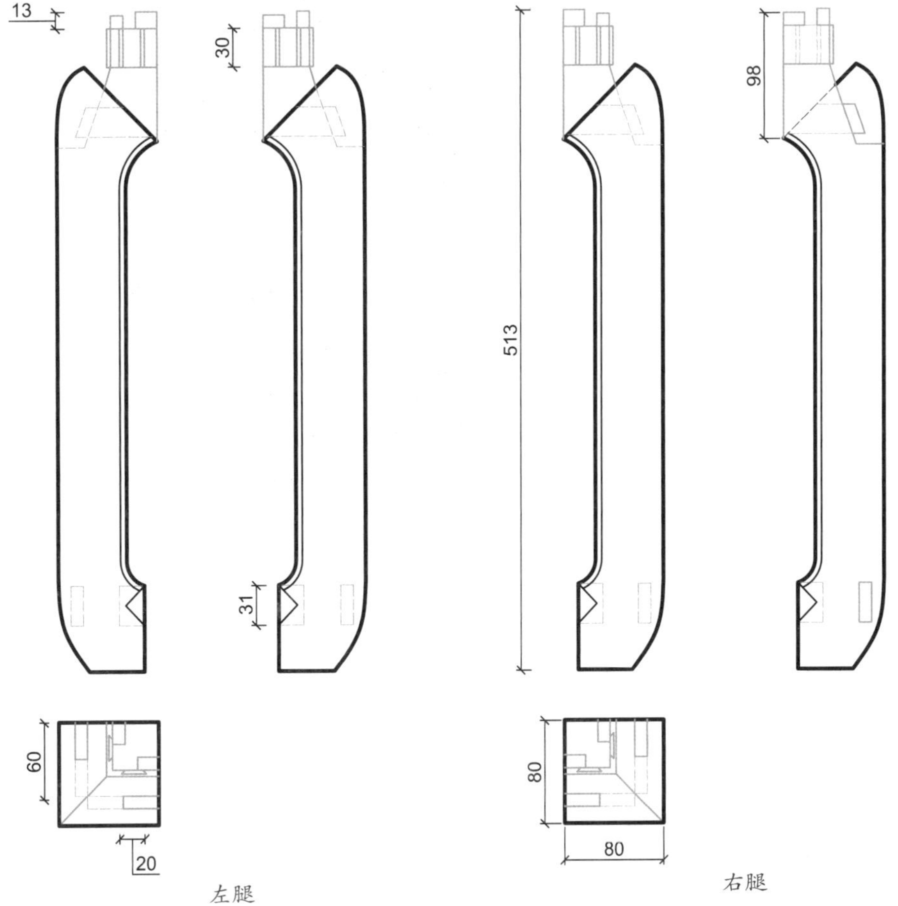

细部结构—腿子（CAD 图 12 ~图 13）

罗锅枨梅花式凳

材质：黄花梨

年款：清

整体外观（效果图1）

1. 器形点评

此凳的座面做成双层，雕成五瓣梅花状，座面边框攒框打槽，中装板心。座面下有束腰，束腰打洼。五腿为方材劈料做法，直落到地，上下分别安有罗锅枨和管脚罗锅枨。此件家具座面以梅花形为饰，腿足采用劈料做法，做工细腻，具有江南苏式家具风格特点。

2. CAD 图示

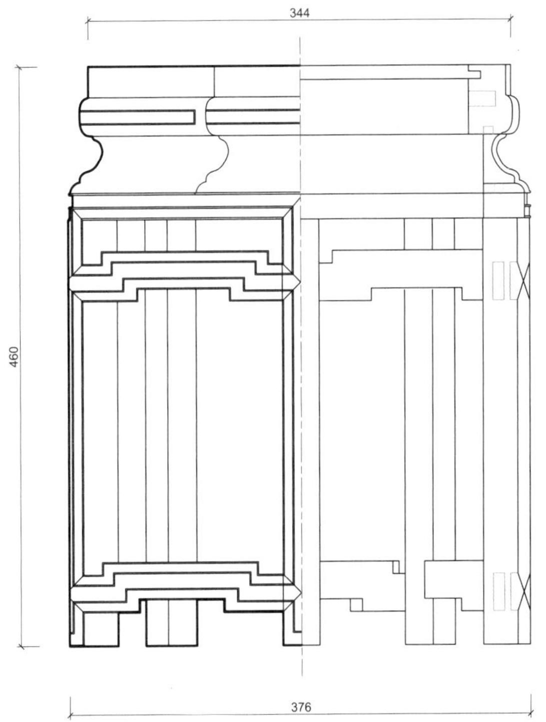

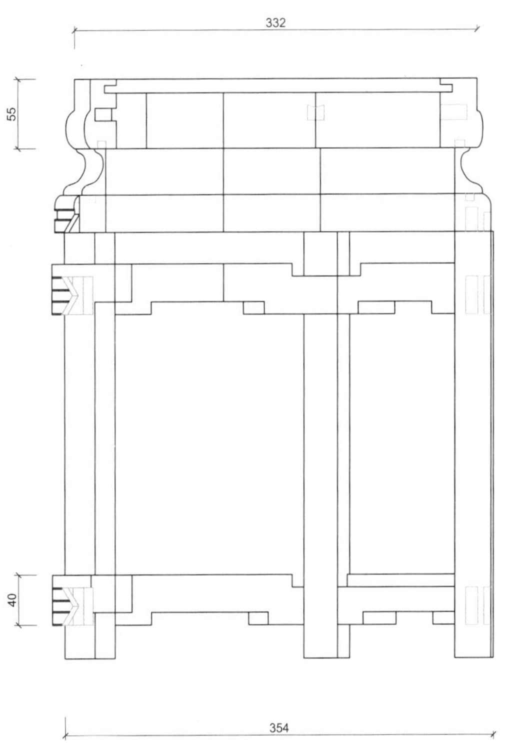

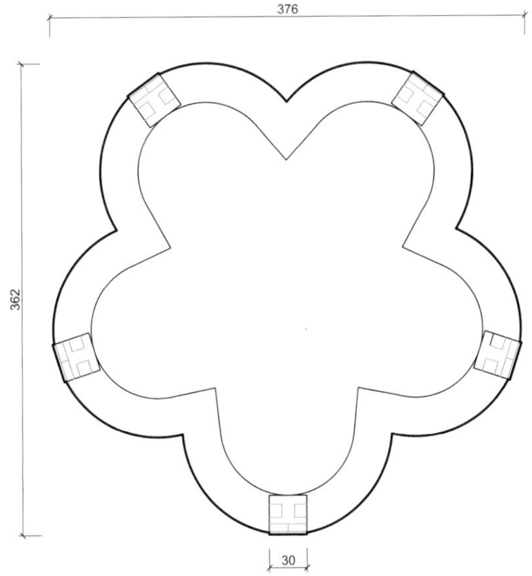

三视结构（CAD 图 1）

3. 用材效果

用材效果（材质：紫檀；效果图 2）

用材效果（材质：黄花梨；效果图 3）

用材效果（材质：红酸枝；效果图 4）

4. 结构爆炸

结构爆炸（效果图 5）

5. 部件示意

部件示意—座面（效果图 6）

部件示意—束腰（效果图 7）

部件示意—牙板（效果图 8）

部件示意—罗锅枨（效果图 9）

部件示意—管脚枨（效果图 10）

部件示意—腿子（效果图 11）

6. 细部详解

细部效果—座面（效果图 12）

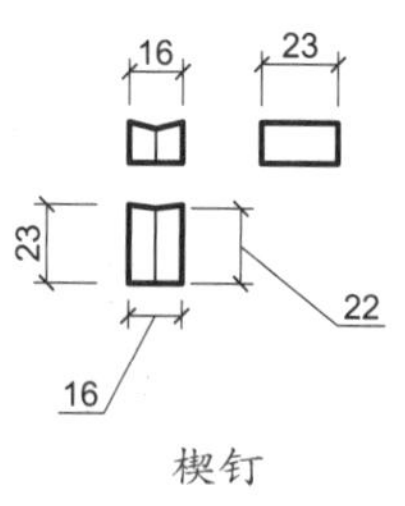

楔钉

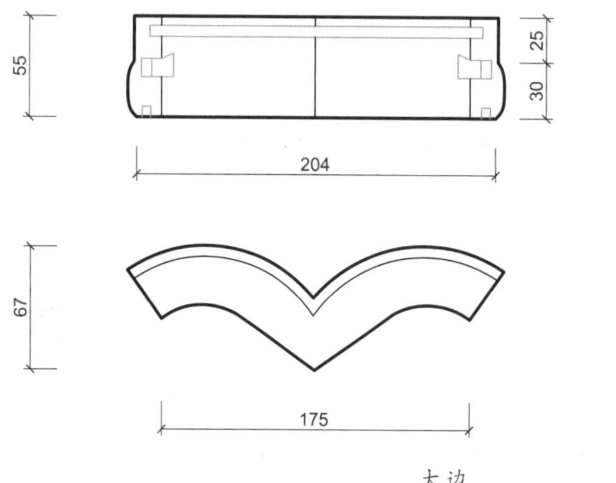

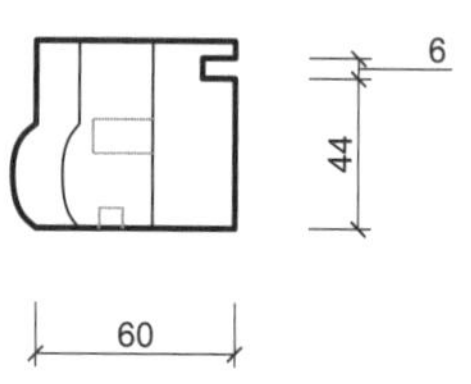

大边

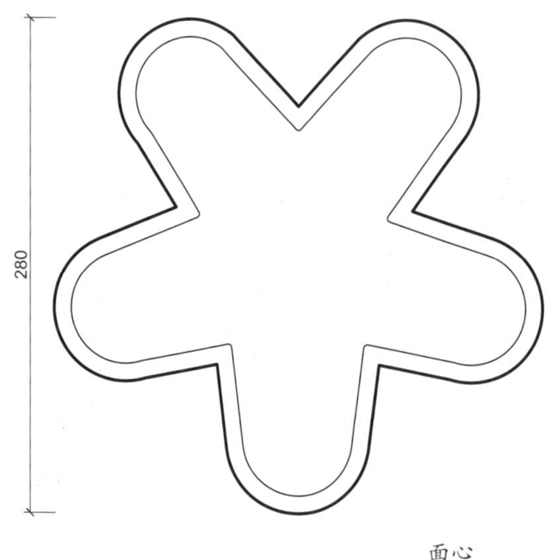

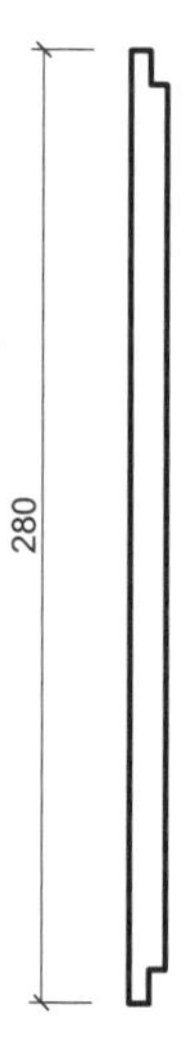

面心

细部结构—座面（CAD 图 2 ~ 图 4）

细部效果—束腰（效果图 13）

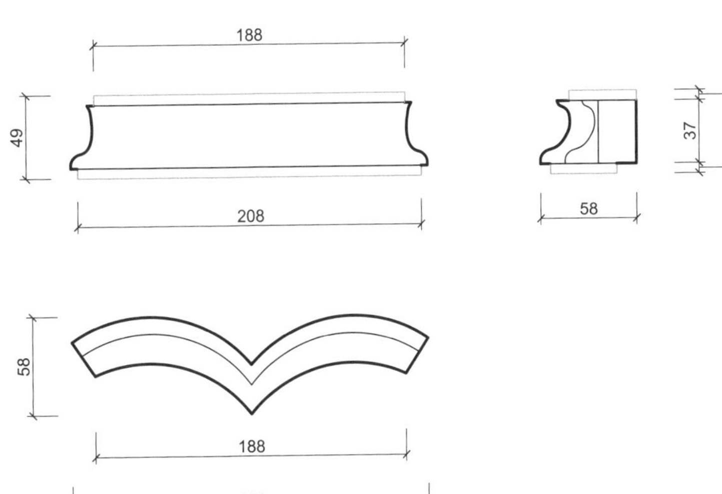

细部结构—束腰（CAD 图 5）

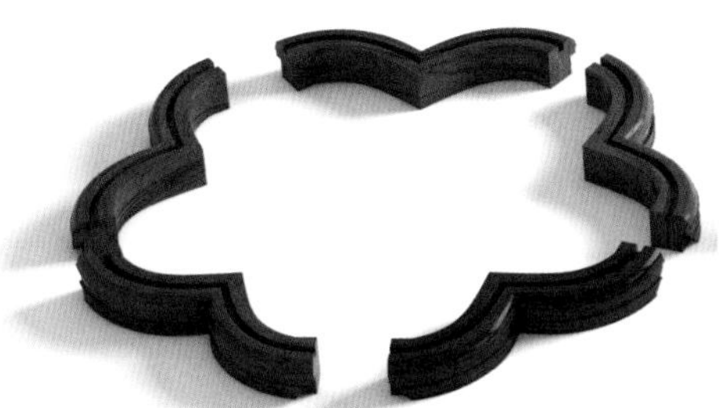

细部效果—牙板（效果图 14）

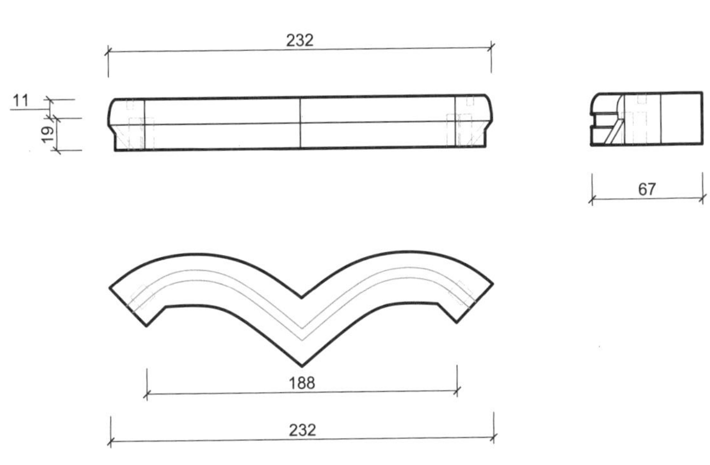

细部结构—牙板（CAD 图 6）

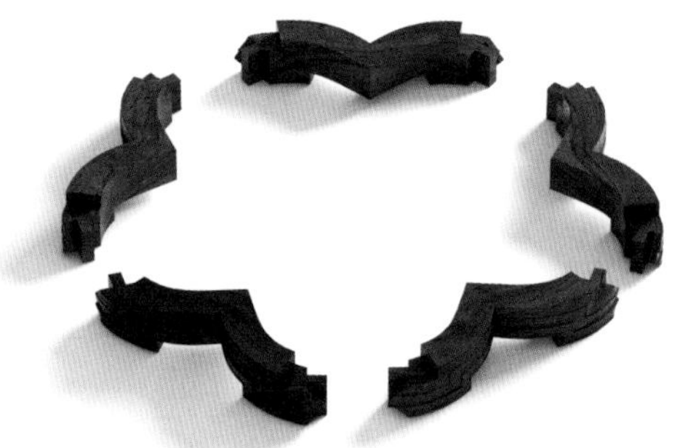

细部效果—罗锅枨（效果图 15）

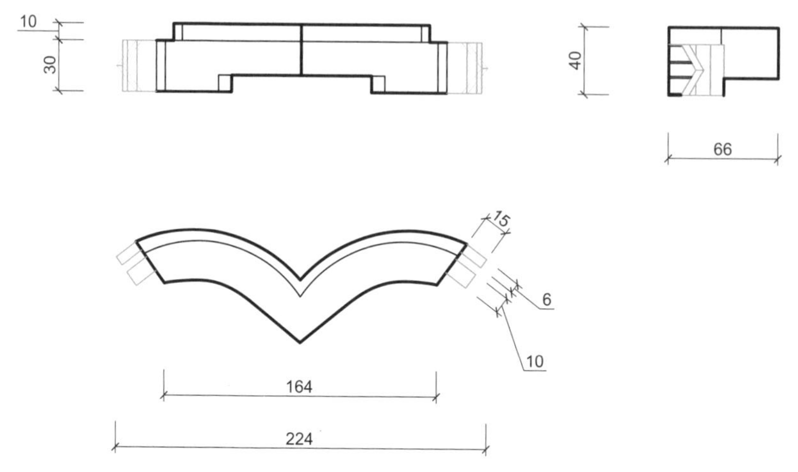

细部结构—罗锅枨（CAD 图 7）

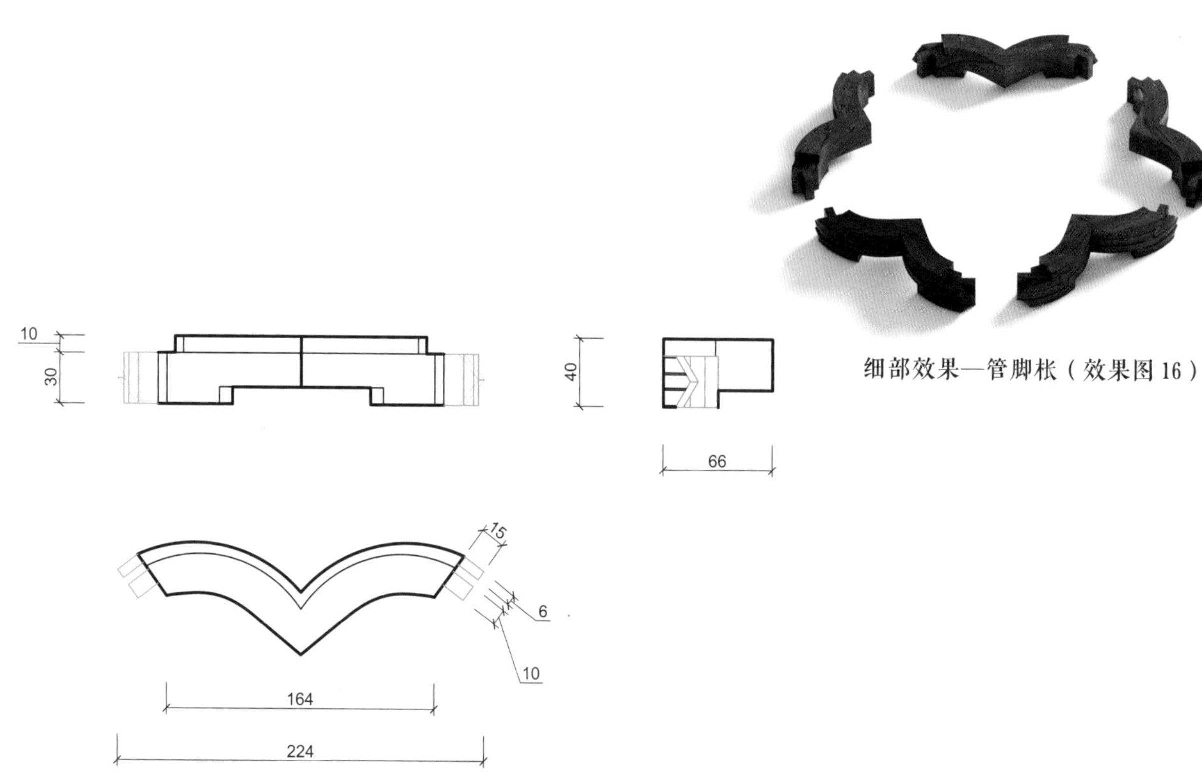

细部效果—管脚枨（效果图 16）

细部结构—管脚枨（CAD 图 8）

细部效果—腿子（效果图 17）

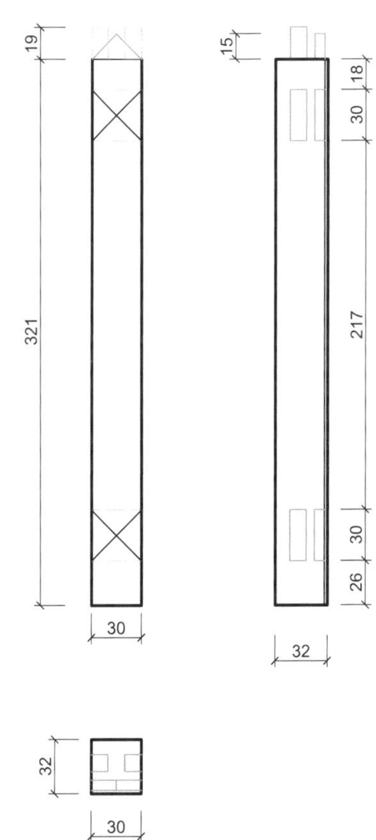

细部结构—腿子（CAD 图 9）

罗锅枨高束腰六足圆凳

材质：黄花梨

年款：清

整体外观（效果图1）

1. 器形点评

此凳座面为圆形，攒框打槽，中装板心。座面之下有一匝宽厚的垛边，高束腰打洼。凳腿为直腿，足端雕成内卷云头纹，下踩托泥。六腿之间的上端安有高起的方拱罗锅枨。此凳立意新颖，不落俗套，圆形座面与方形罗锅枨，再加上足端的圆形卷云足，圆方相间，富有变化，设计巧妙。

2. CAD 图示

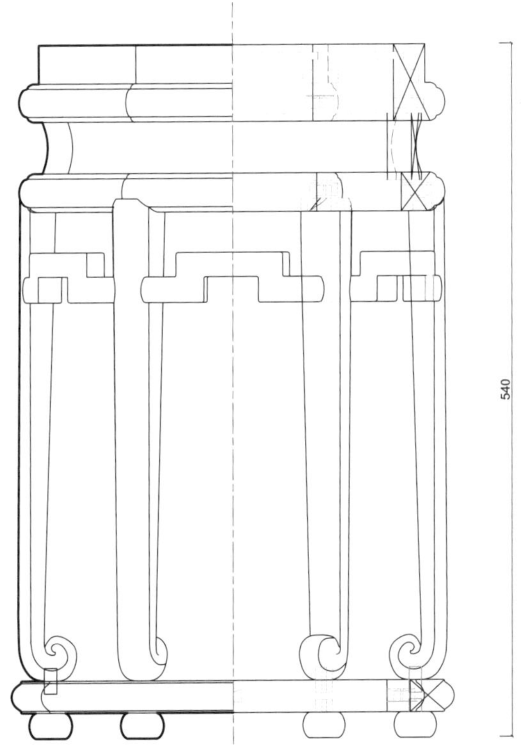

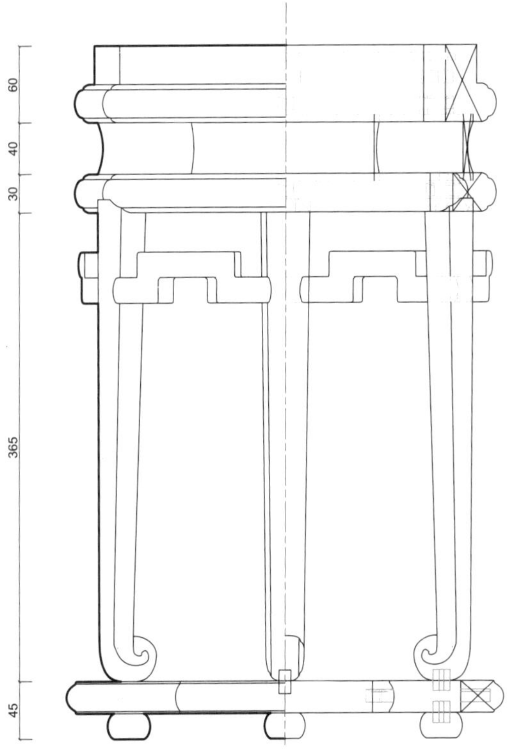

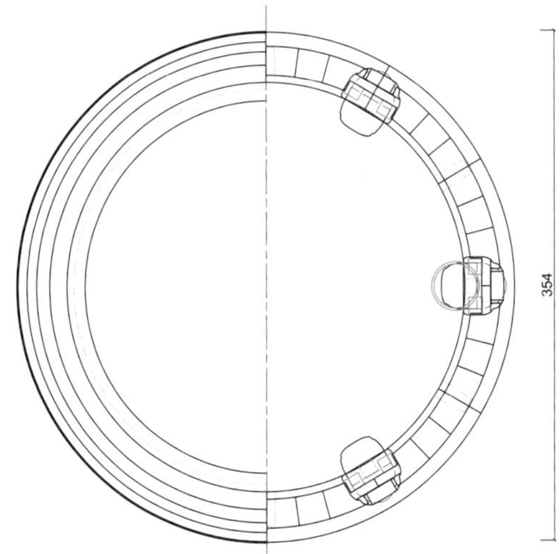

三视结构（CAD 图 1）

3. 用材效果

用材效果（材质：紫檀；效果图 2）

用材效果（材质：黄花梨；效果图 3）

用材效果（材质：红酸枝；效果图 4）

4. 结构爆炸

结构爆炸（效果图5）

5. 部件示意

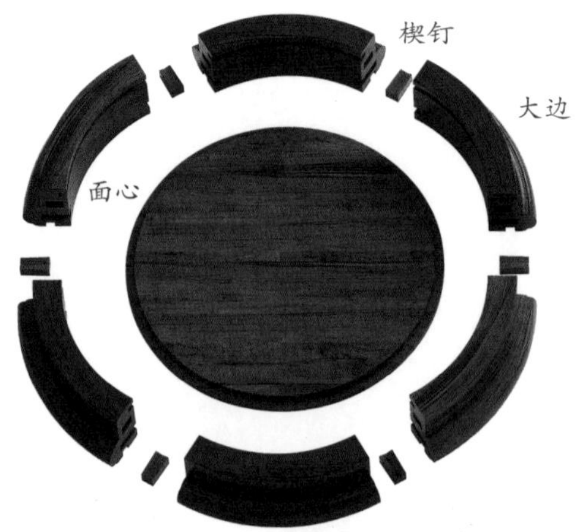

部件示意—座面（效果图 6）

部件示意—束腰（效果图 7）

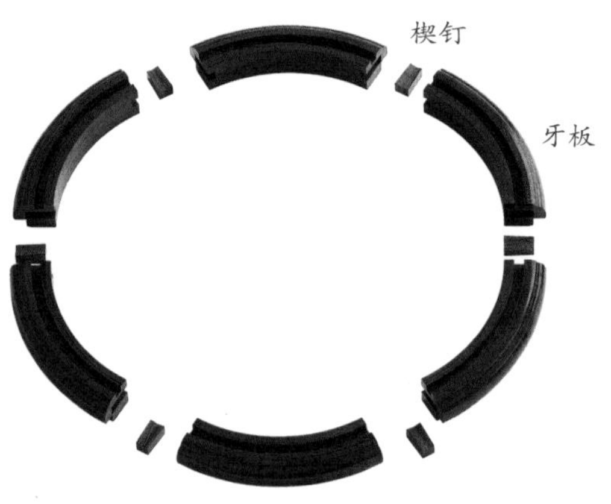

部件示意—牙板（效果图 8）

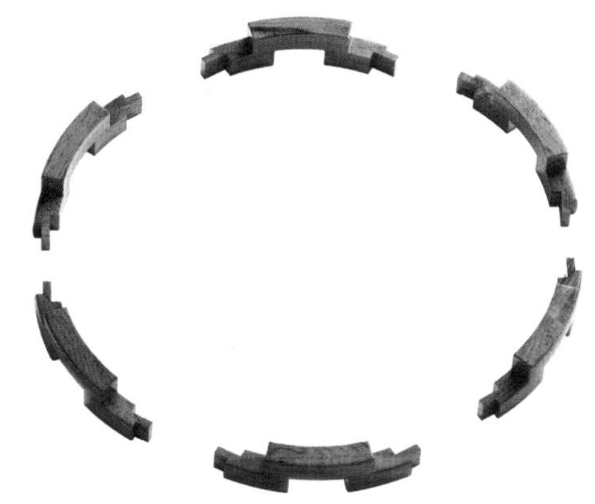

部件示意—罗锅枨（效果图 9）

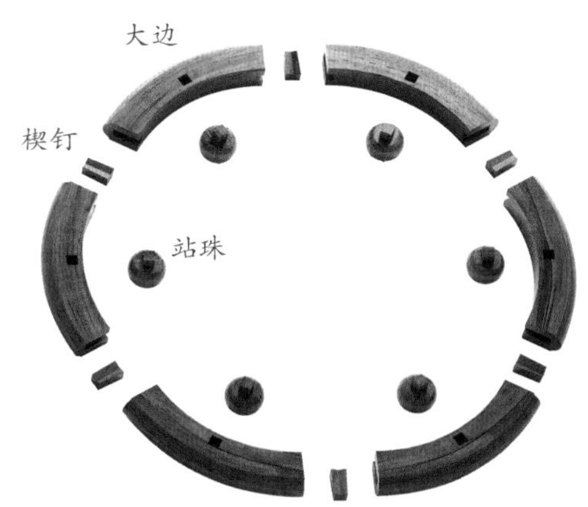

部件示意—托泥（效果图 10）

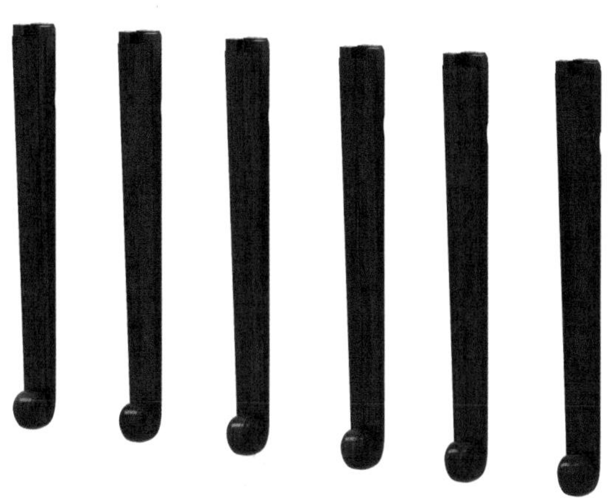

部件示意—腿子（效果图 11）

6. 细部详解

细部效果—座面（效果图 12）

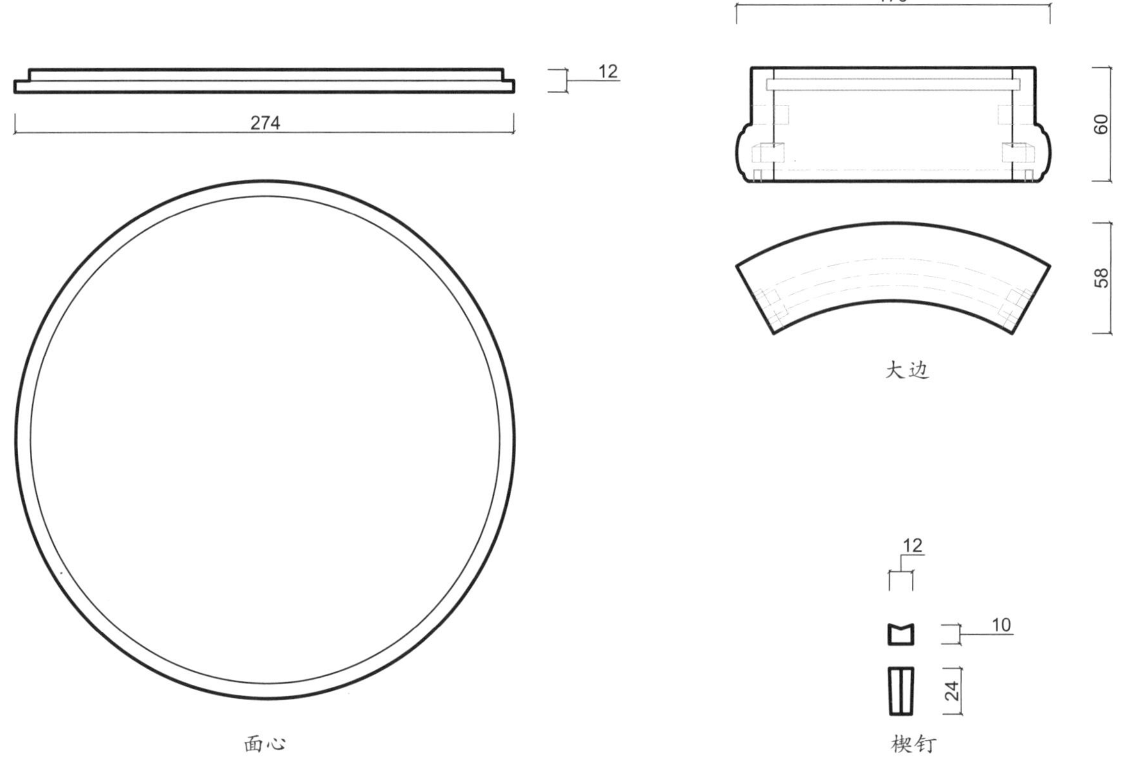

细部结构—座面（CAD 图 2 ~图 4）

细部效果—束腰（效果图 13）

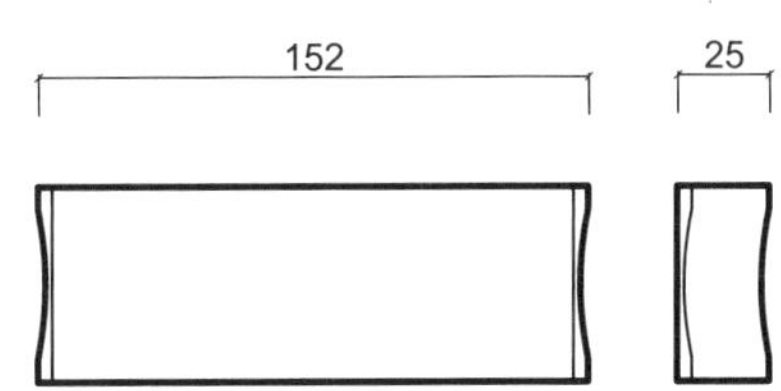

细部结构—束腰（CAD 图 5）

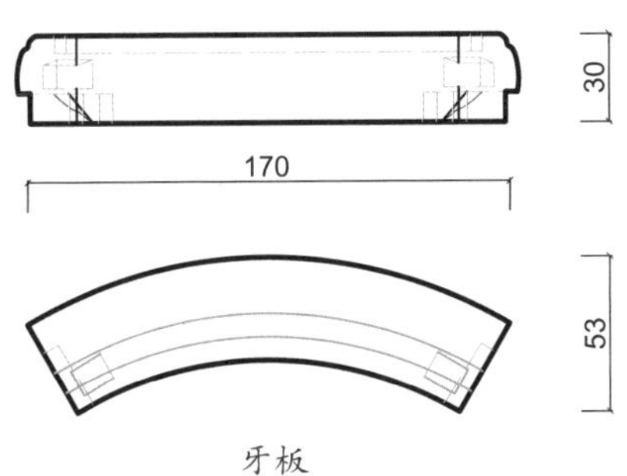

细部结构—牙板（CAD 图 6）

细部效果—牙板（效果图 14）

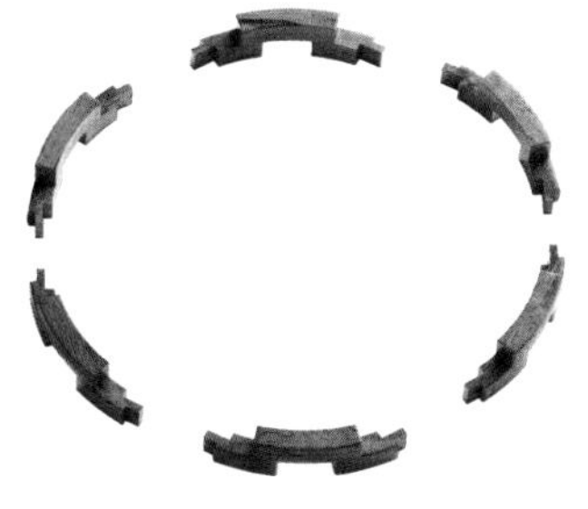

细部效果—罗锅枨（效果图 15）

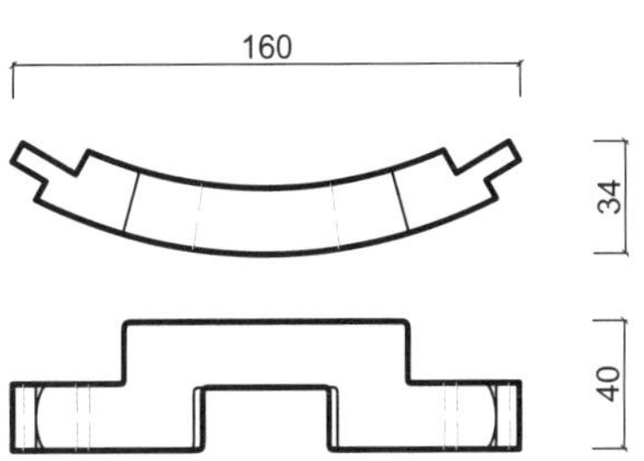

细部结构—罗锅枨（CAD 图 7）

细部效果—托泥（效果图 16）

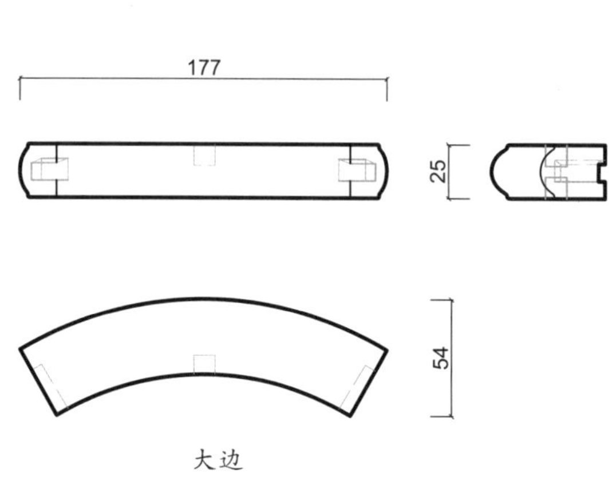

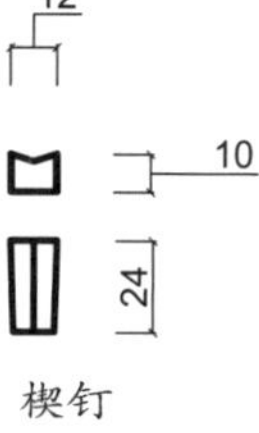

细部结构—托泥（CAD 图 8 ~ 图 10）

细部效果—腿子（效果图 17）

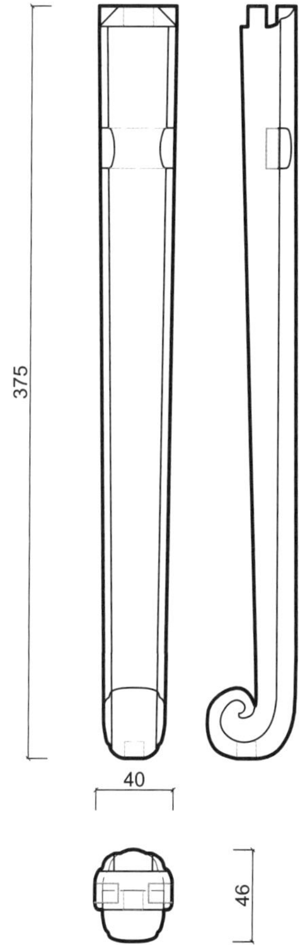

细部结构—腿子（CAD 图 11）

鼓腿彭牙五足圆凳

材质：红酸枝

年款：明

整体外观（效果图1）

1. 器形点评

此凳凳面为圆形，边抹为素混面。下面的高束腰中植立柱，分段装绦环板，绦环板中开有鱼门洞开光。鼓腿彭牙，腿子至足端雕成内翻的圆润的云足，下踩托泥。此凳造型圆润可爱，装饰无多，恰到好处，是一件风格明显的明式风格坐具。

2. CAD 图示

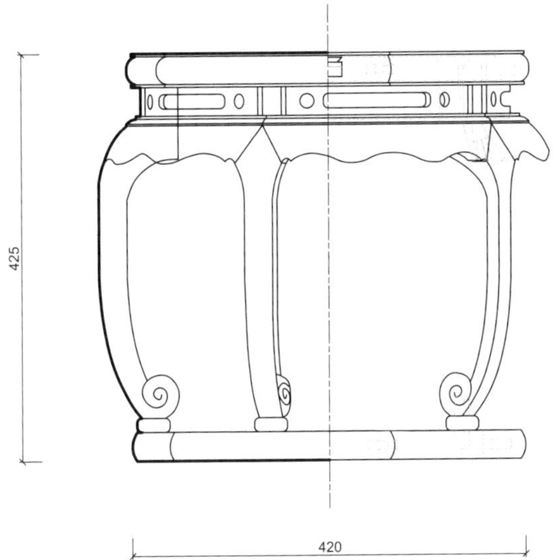

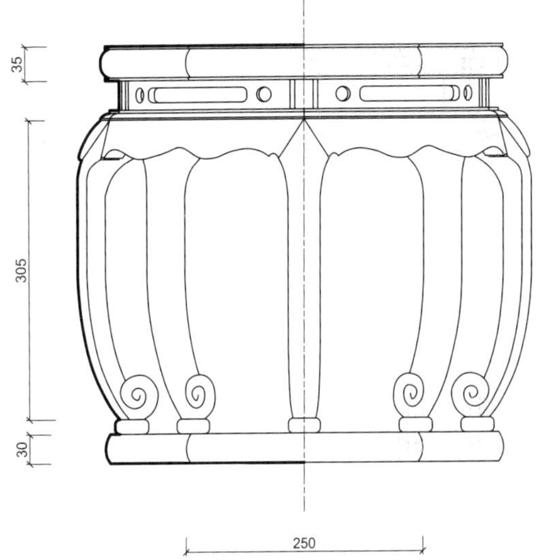

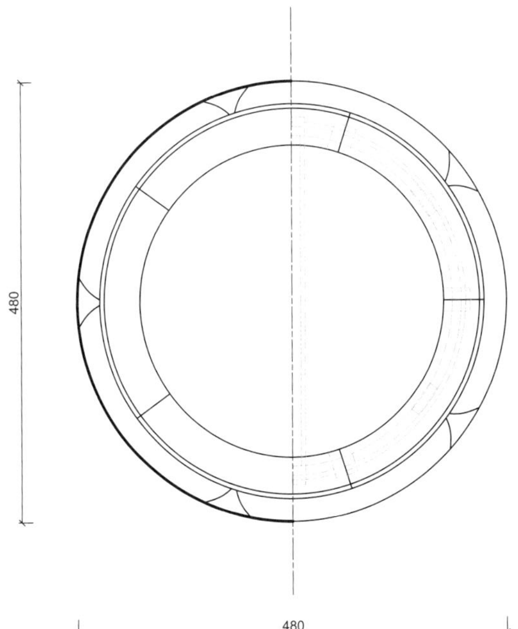

三视结构（CAD 图 1）

3. 用材效果

用材效果（材质：紫檀；效果图 2）

用材效果（材质：黄花梨；效果图 3）

用材效果（材质：红酸枝；效果图 4）

4. 结构爆炸

结构爆炸（效果图 5）

5. 部件示意

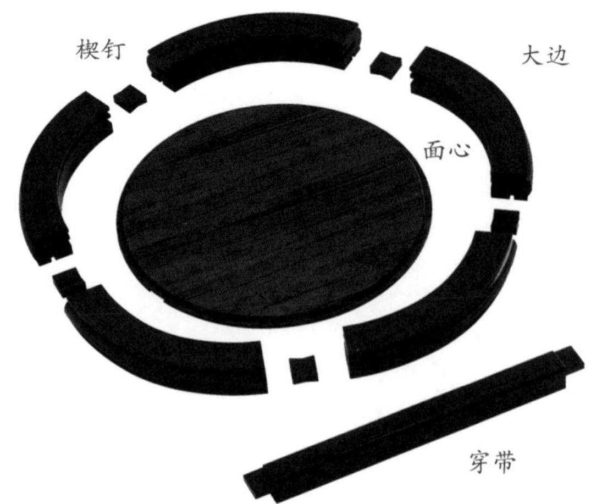

部件示意—座面（效果图 6）

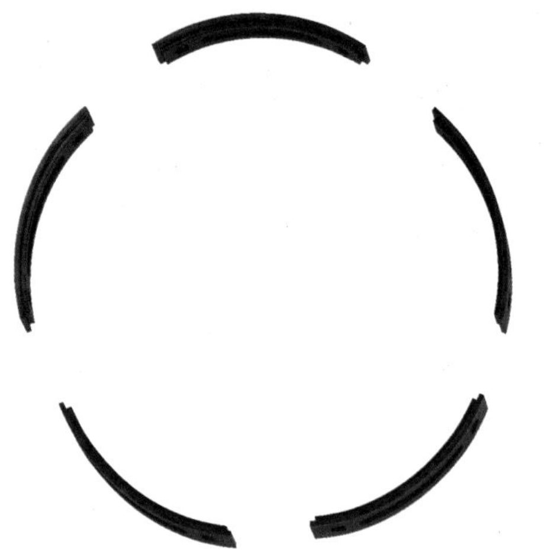

部件示意—束腰（效果图 7）

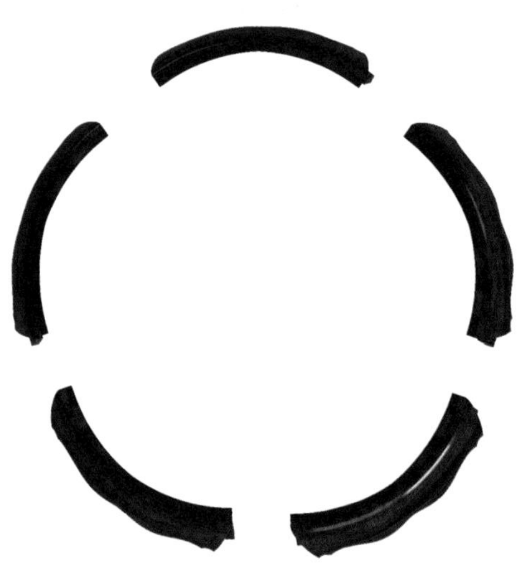

部件示意—牙板（效果图 8）

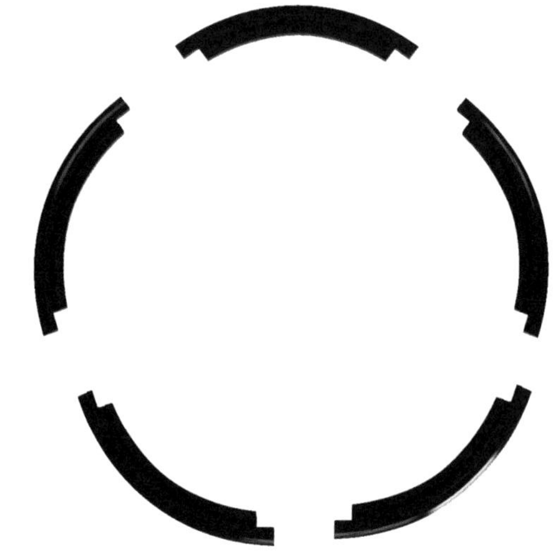

部件示意—托腮（效果图 9）

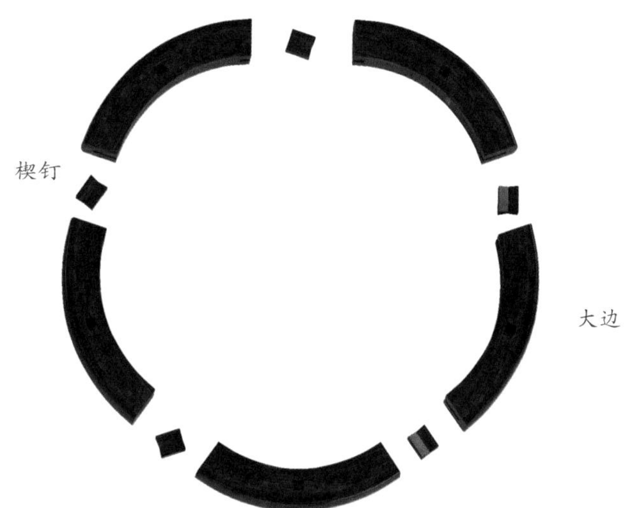

部件示意—托泥（效果图 10）

部件示意—腿子（效果图 11）

6. 细部详解

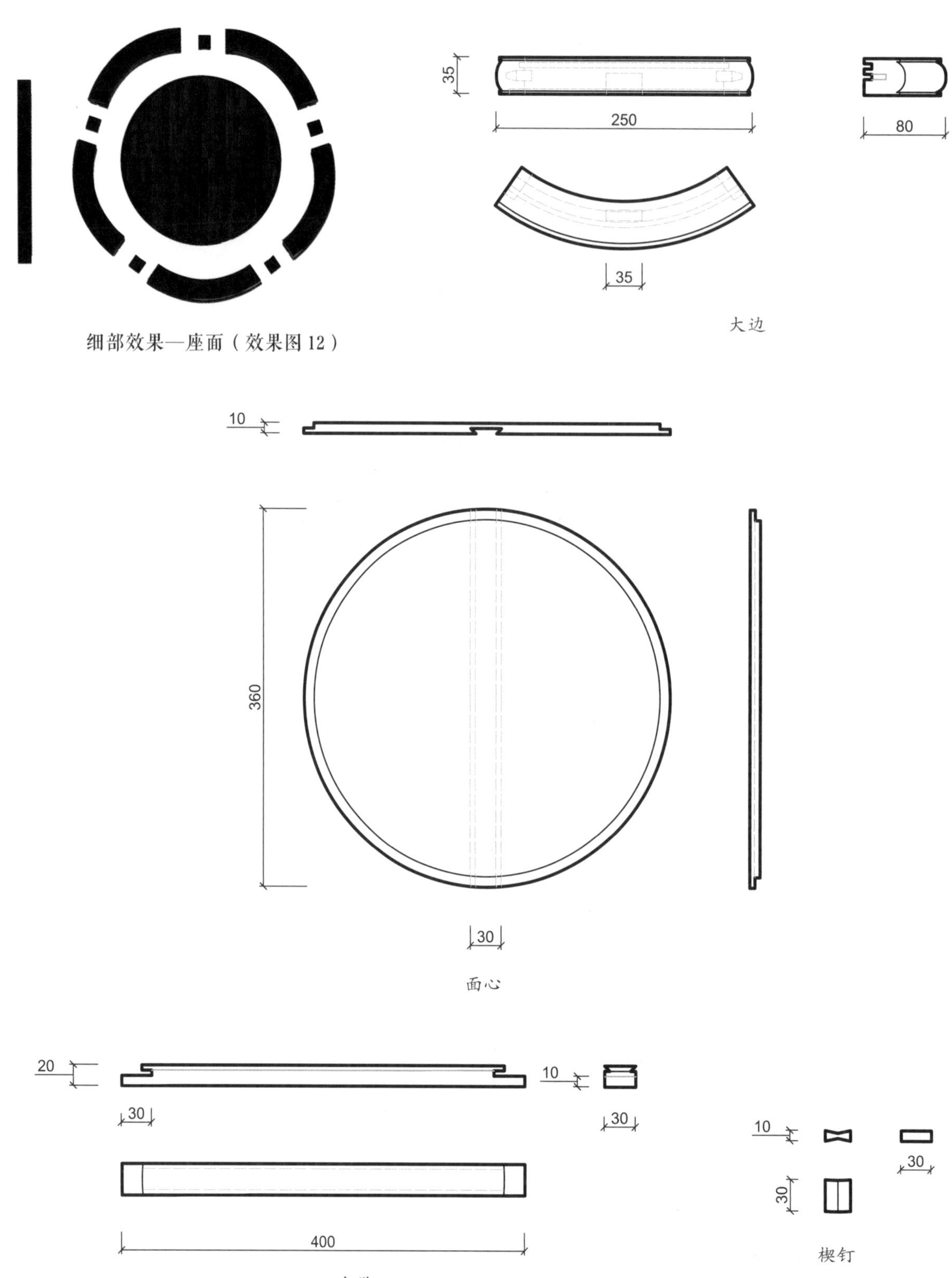

细部效果—座面（效果图 12）

细部结构—座面（CAD 图 2 ~图 5）

细部效果—束腰（效果图 13）

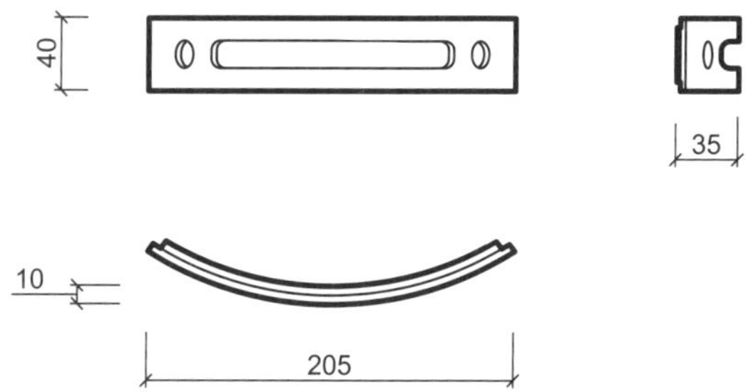

细部结构—束腰（CAD 图 6）

细部效果—牙板（效果图 14）

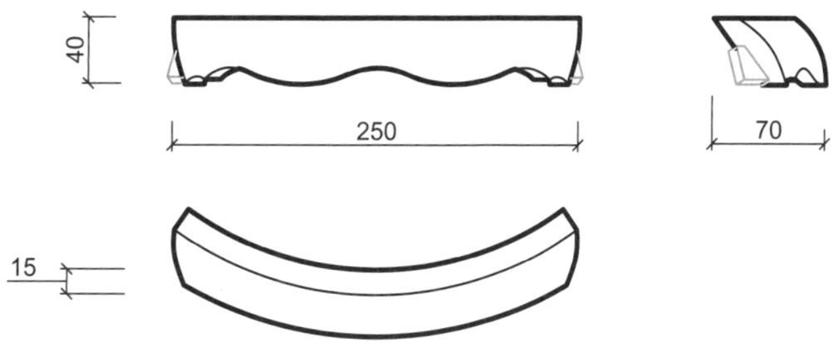

细部结构—牙板（CAD 图 7）

细部效果—托腮（效果图 15）

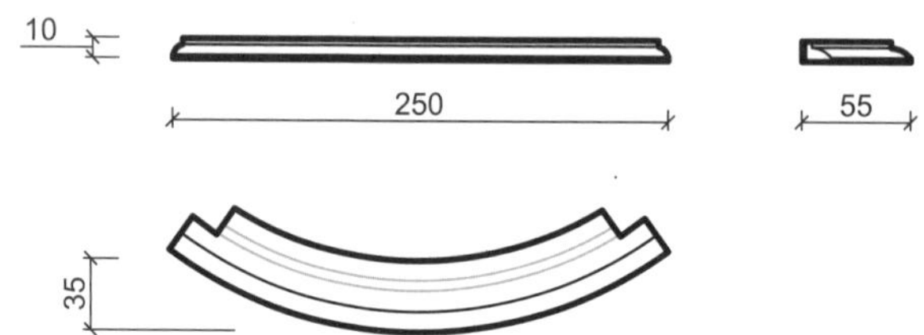

细部结构—托腮（CAD 图 8）

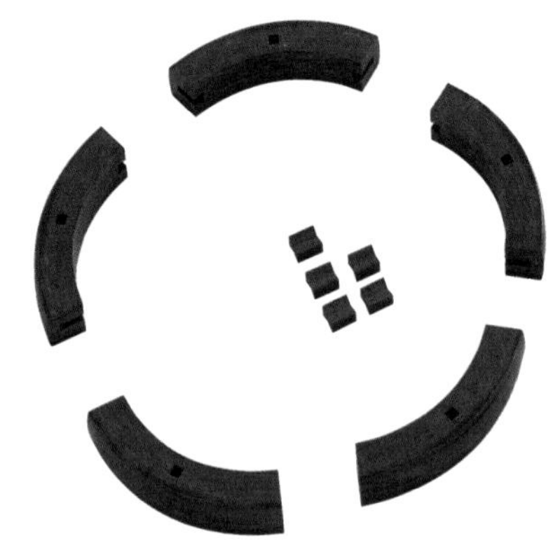

细部效果—托泥（效果图 16）

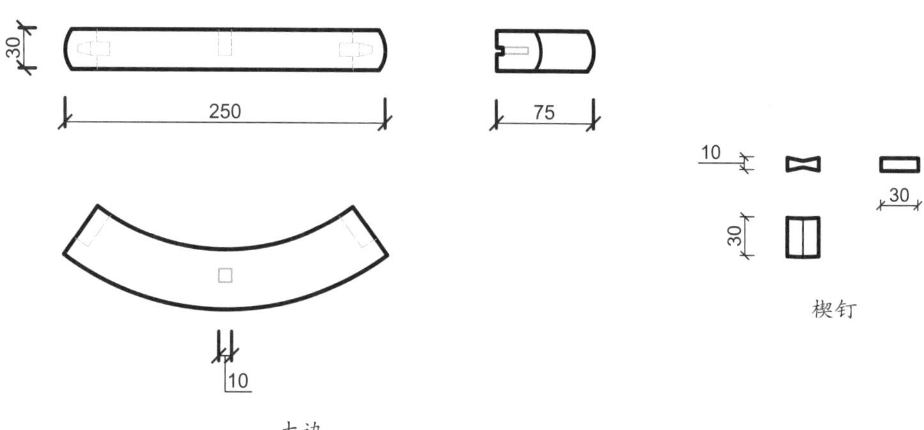

细部结构—托泥（CAD 图 9 ~ 图 10）

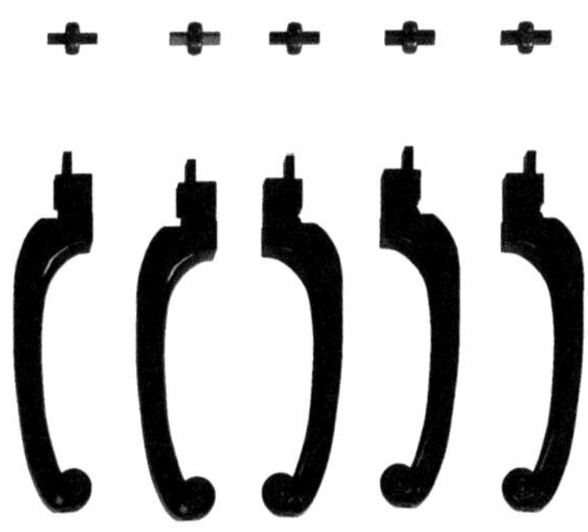

细部效果—腿子（效果图 17）

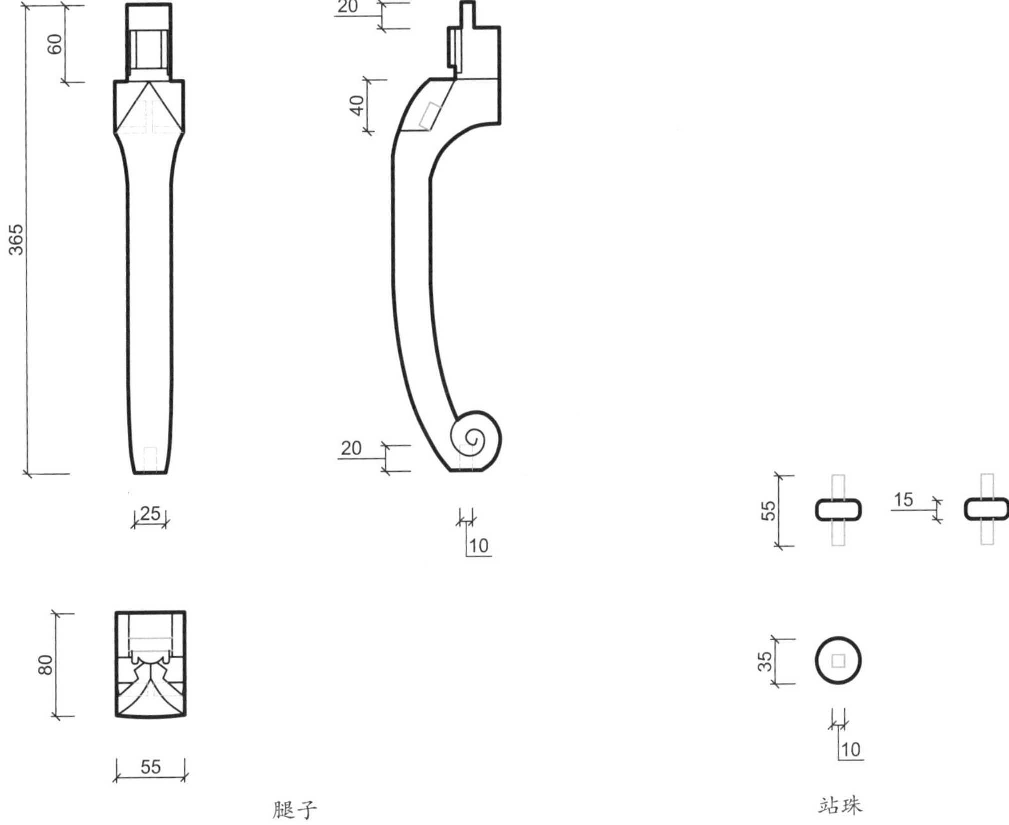

细部结构—腿子（CAD 图 11 ~ 图 12）

四足圆凳

材质：红酸枝

年款：明

整体外观（效果图1）

1. 器形点评

此凳凳面为圆形，攒框装板。凳面之下为壶门牙板，鼓腿彭牙，足下踩托泥。这件圆凳通体光素，简洁无饰，线条柔婉圆润，雅致美观。

2. CAD 图示

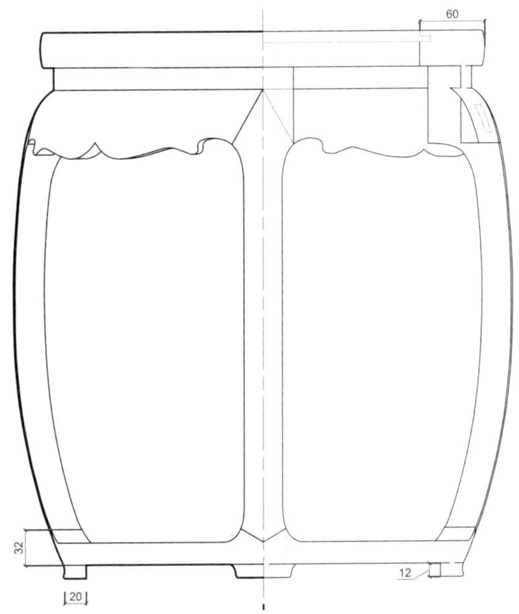

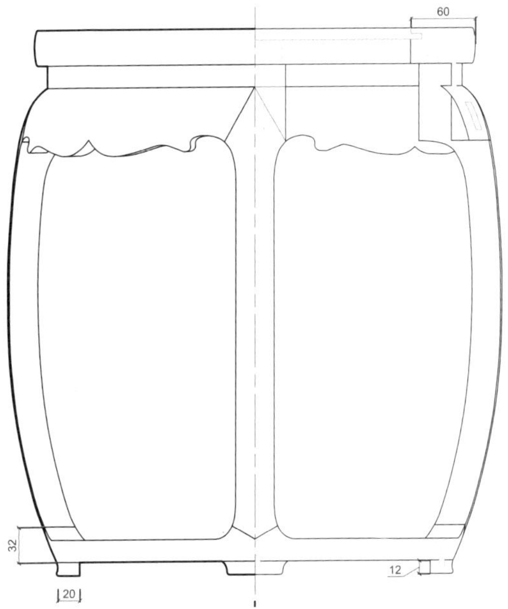

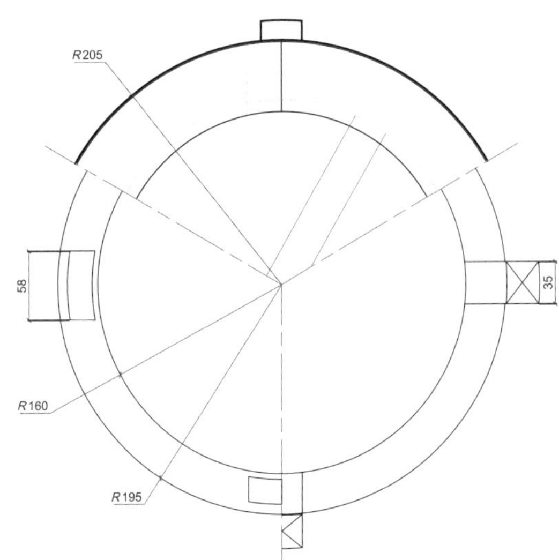

三视结构（CAD 图 1）

3. 用材效果

用材效果（材质：紫檀；效果图 2）

用材效果（材质：黄花梨；效果图 3）

用材效果（材质：红酸枝；效果图 4）

4. 结构爆炸

结构爆炸（效果图 5）

5. 部件示意

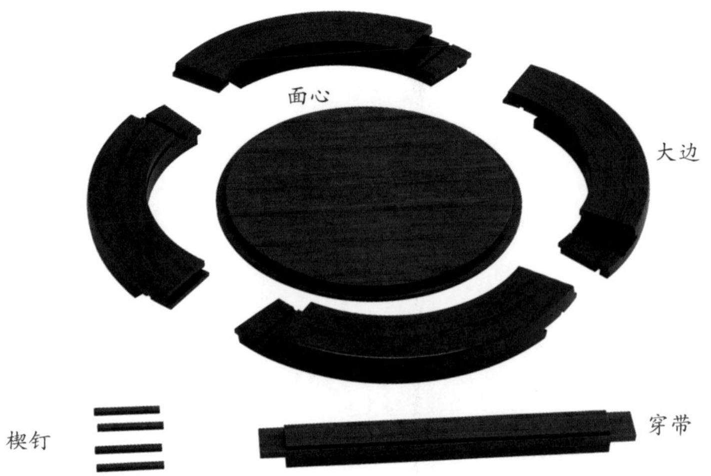

部件示意—座面（效果图 6）

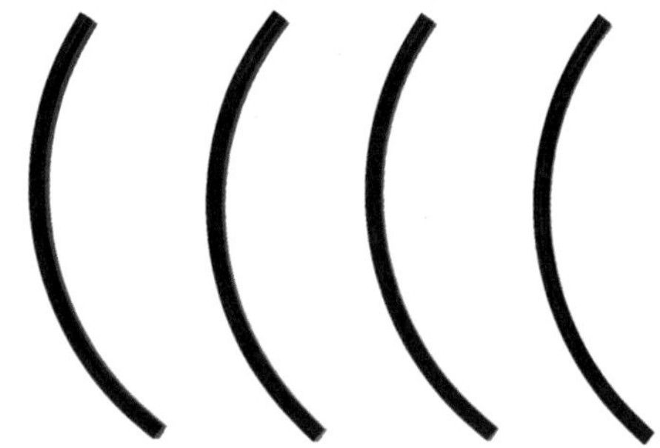

部件示意—束腰（效果图 7）

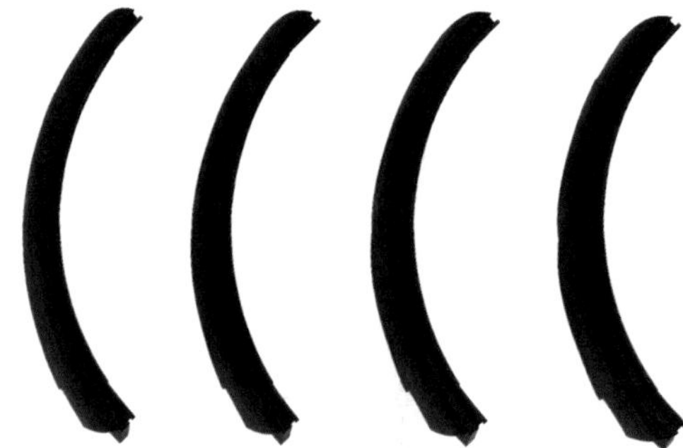

部件示意—牙板（效果图 8）

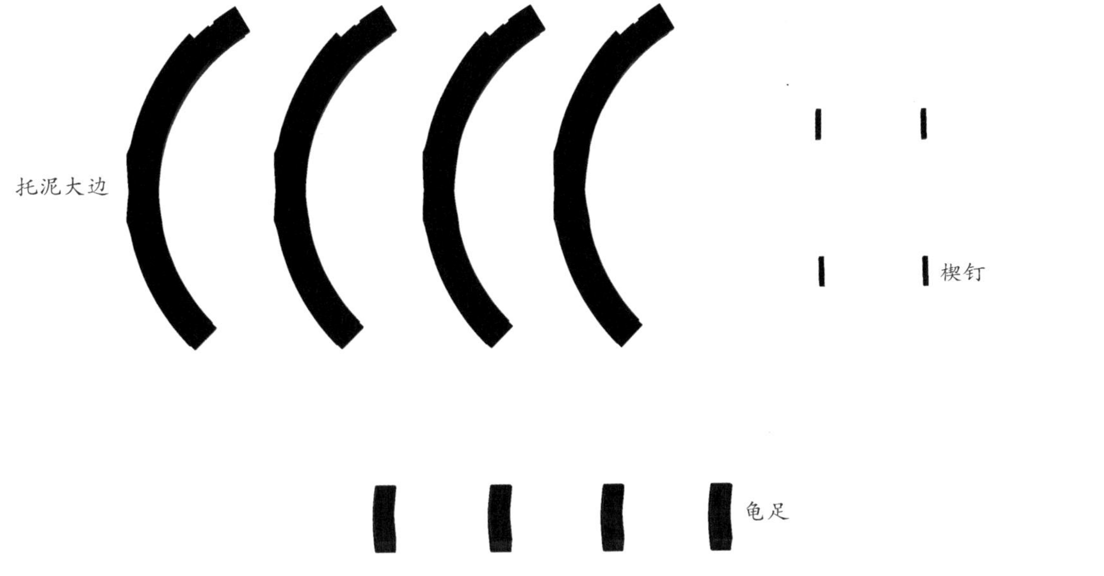

部件示意—托泥和龟足（效果图 9）

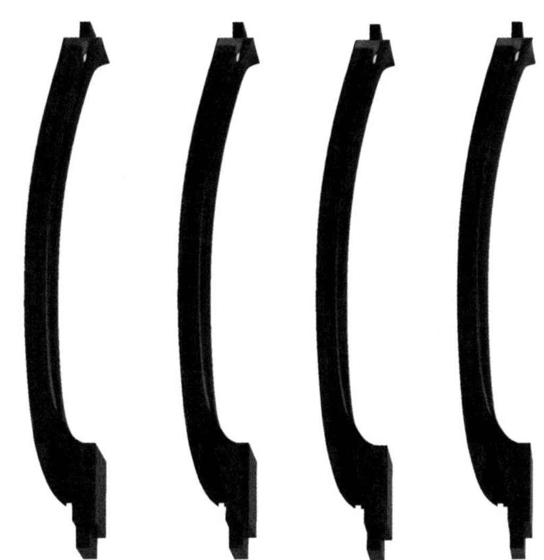
部件示意—腿子（效果图 10）

6. 细部详解

细部效果—座面（效果图 11）

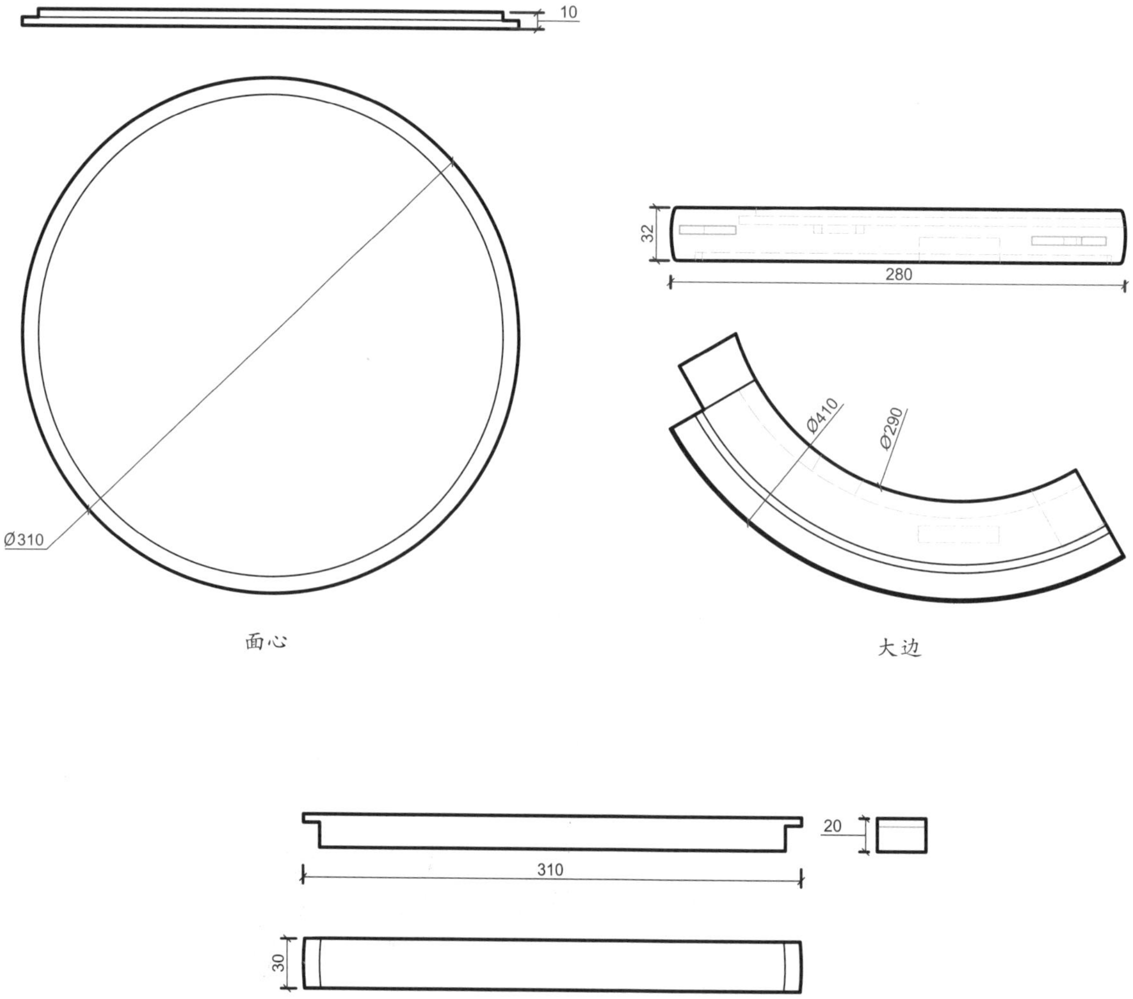

面心

大边

穿带

细部结构—座面（CAD 图 2 ~ 图 4）

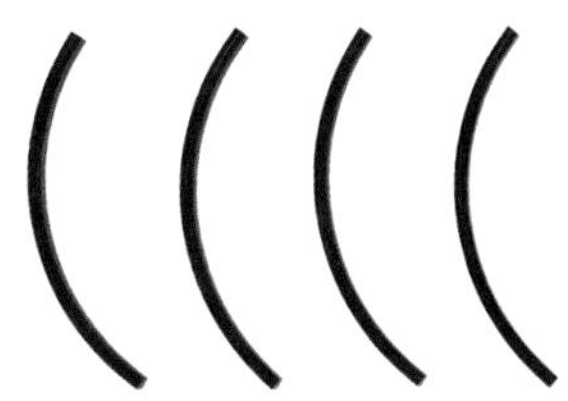

细部效果—束腰（效果图 12）

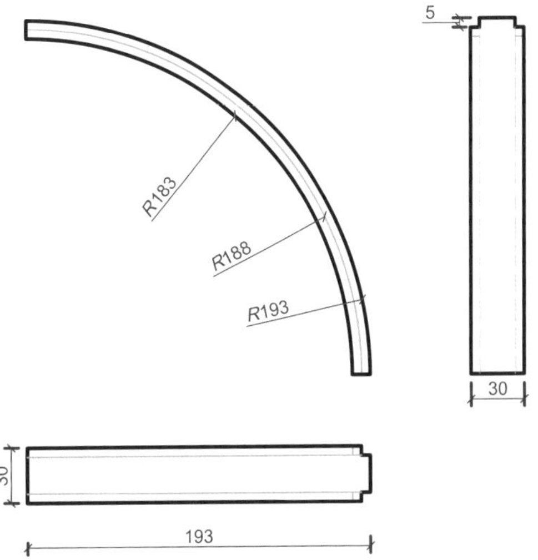

细部结构—束腰（CAD 图 5）

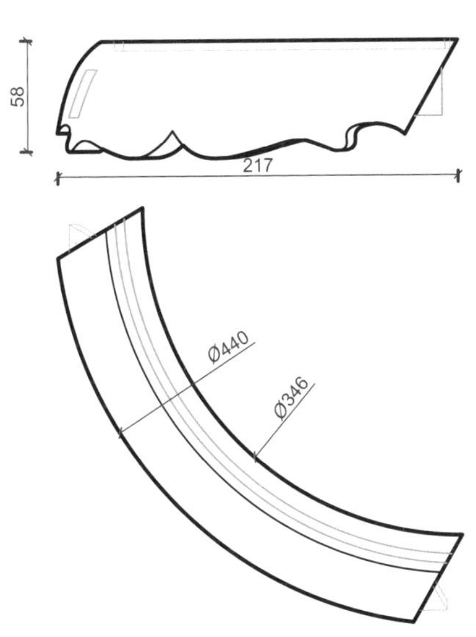

细部结构—牙板（CAD 图 6）

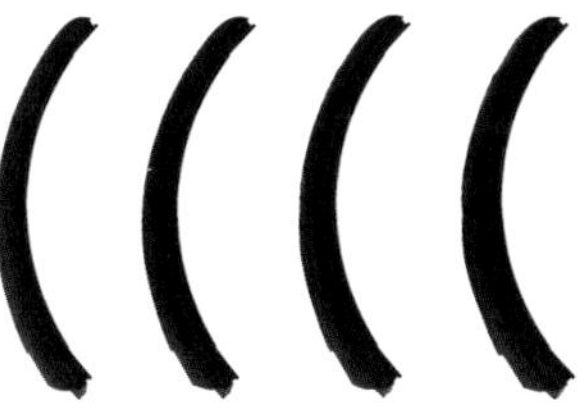

细部效果—牙板（效果图 13）

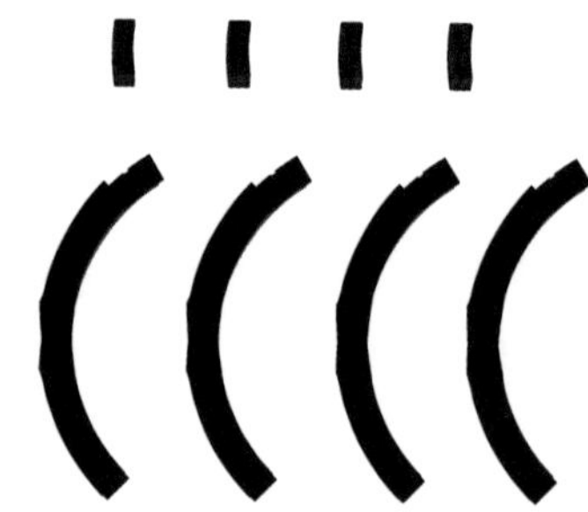

细部效果—托泥和龟足（效果图 14）

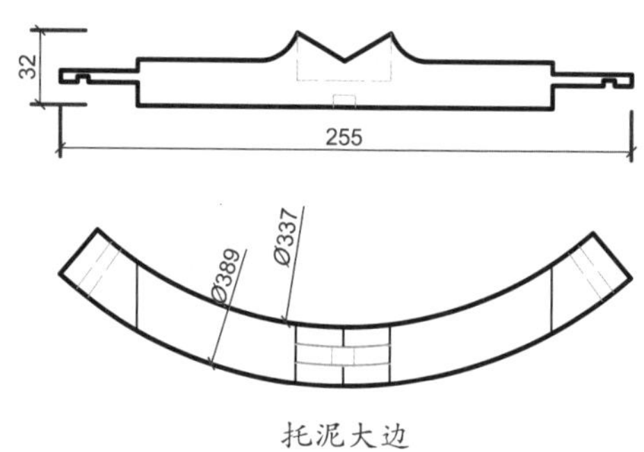

托泥大边

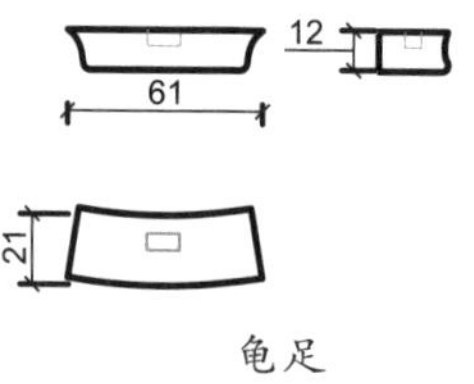

龟足

细部结构—托泥和龟足（CAD 图 7 ~图 8）

细部效果—腿子（效果图 15）

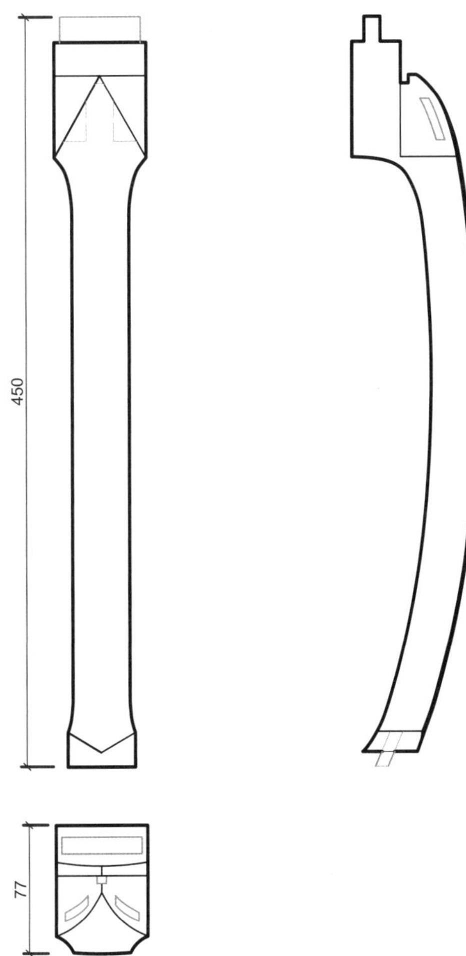

细部结构—腿子（CAD 图 9）

嵌大理石四足圆凳

材质：红酸枝

年款：明

整体外观（效果图1）

1. 器形点评

此凳凳面圆形，由四段弧形大边组成边框，面心镶大理石。面沿较宽，下有束腰，束腰之下为壶门牙板。鼓腿彭牙，下踩托泥，托泥下又垫龟足。此凳整体造型简洁，线条疏朗明快，有一种素面朝天的美感。

2. CAD 图示

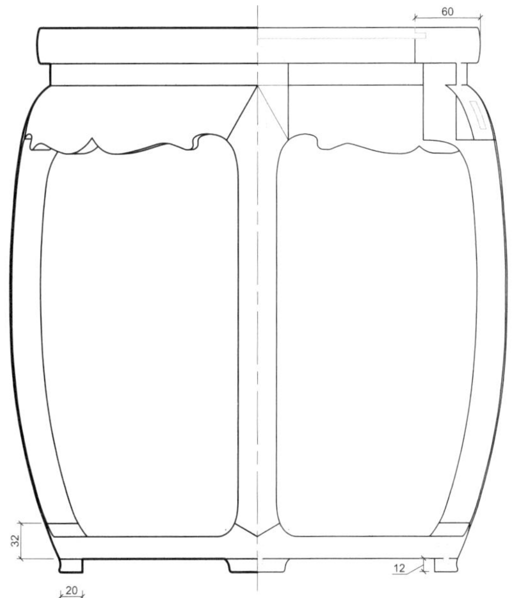

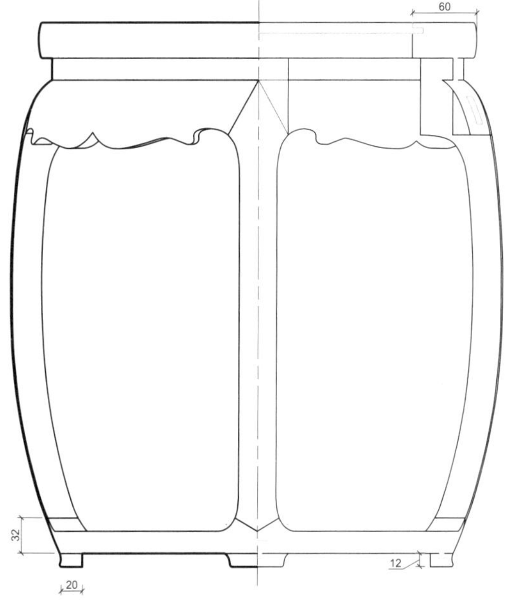

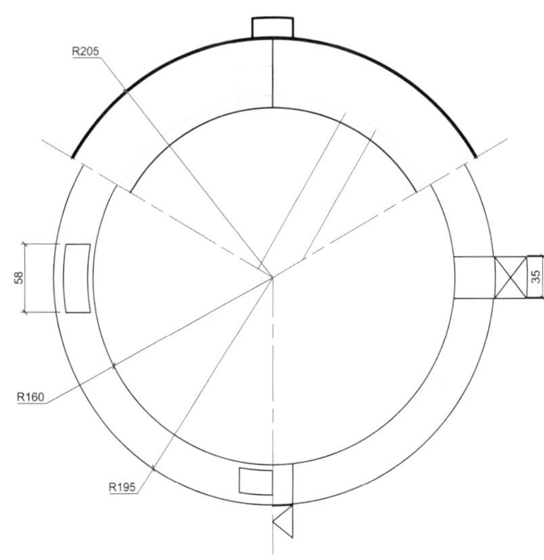

三视结构（CAD 图 1）

3. 用材效果

用材效果（材质：紫檀；效果图 2）

用材效果（材质：黄花梨；效果图 3）

用材效果（材质：红酸枝；效果图 4）

4. 结构爆炸

结构爆炸（效果图5）

5. 部件示意

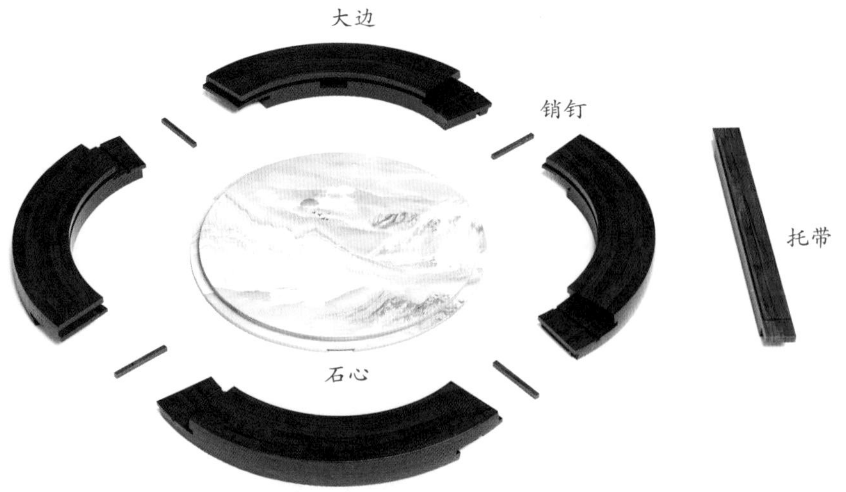

部件示意—座面（效果图 6）

部件示意—束腰（效果图 7）

部件示意—牙板（效果图 8）

部件示意—腿子（效果图 9）

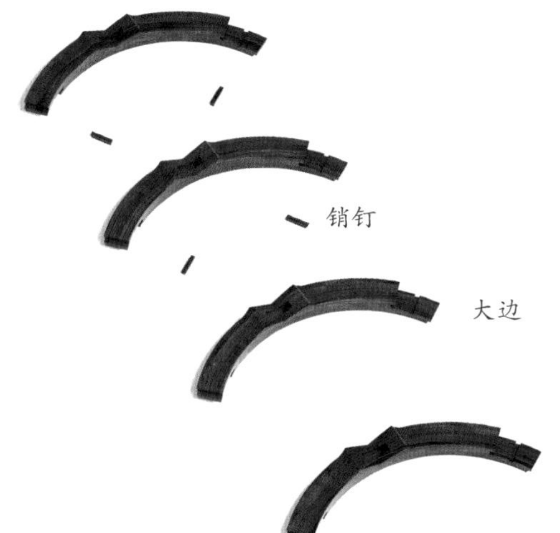

部件示意—托泥（效果图 10）

部件示意—龟足（效果图 11）

6. 细部详解

细部效果—座面（效果图 12）

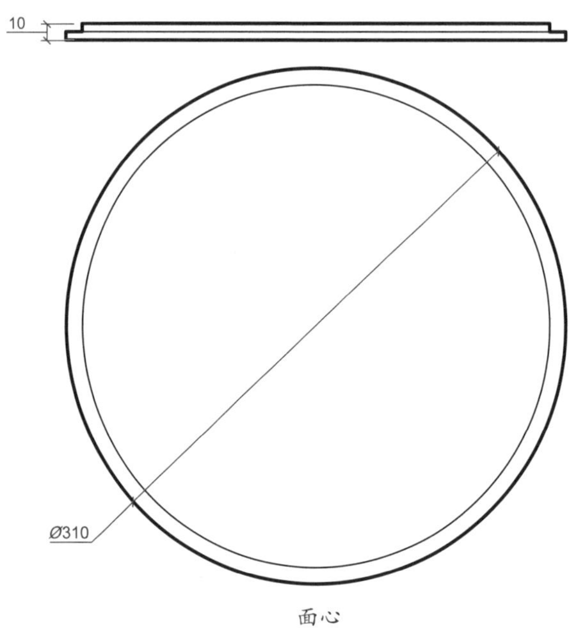

面心

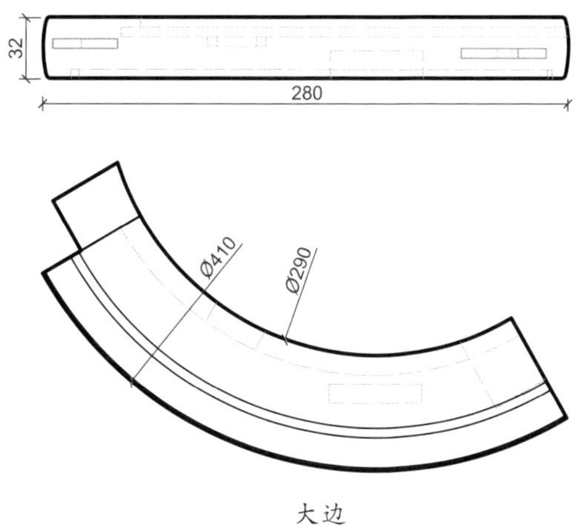

大边

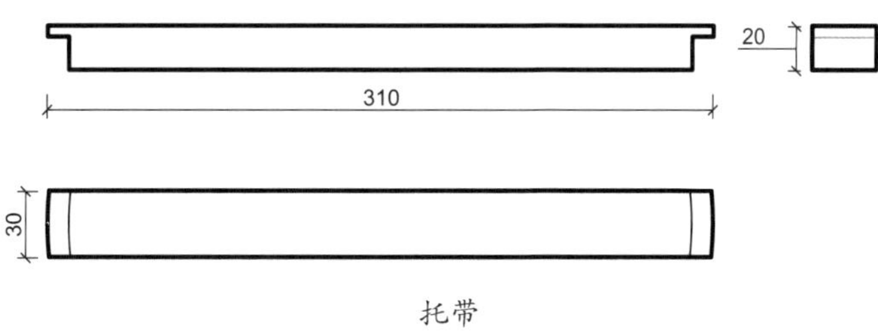

托带

细部结构—座面（CAD 图 2 ~ 图 4）

细部效果—束腰（效果图 13）

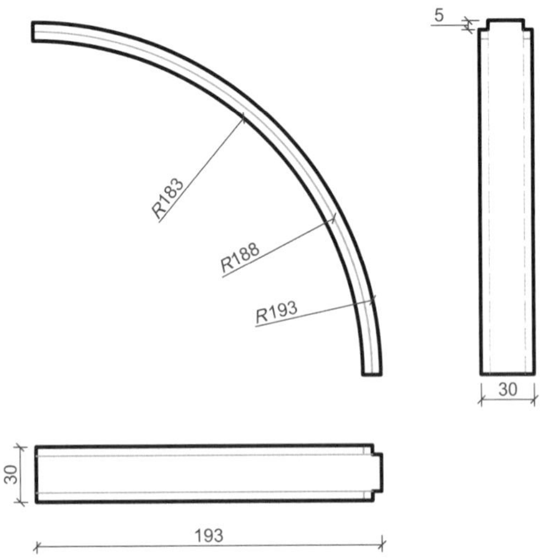

细部结构—束腰（CAD 图 5）

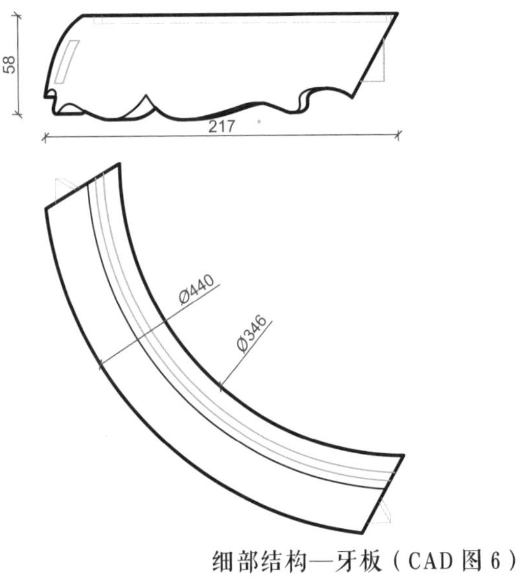

细部结构—牙板（CAD 图 6）

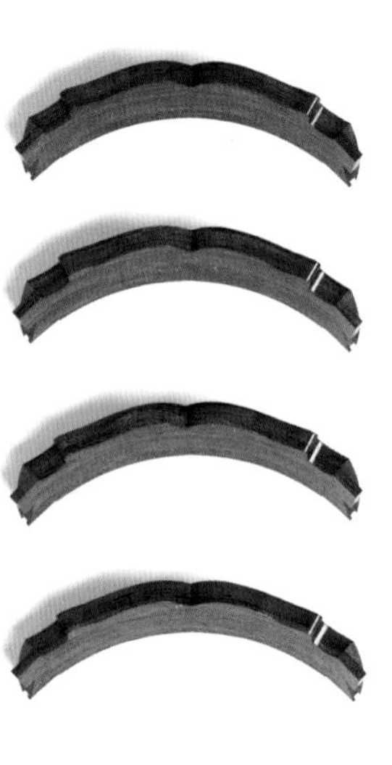

细部效果—牙板（效果图 14）

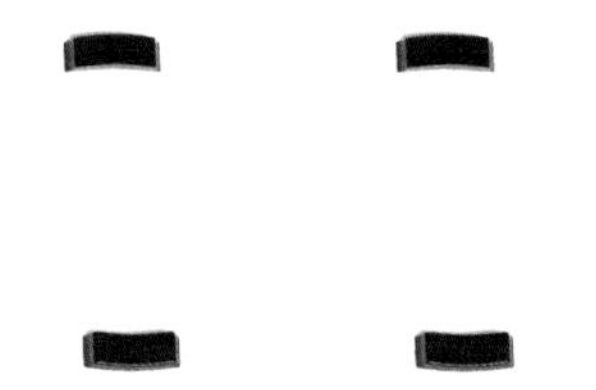

细部效果—龟足（效果图 15）

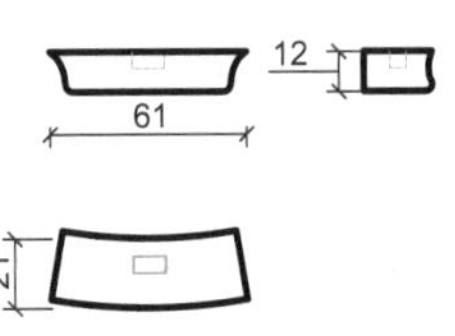

细部结构—龟足（CAD 图 7）

细部效果—托泥（效果图 16）

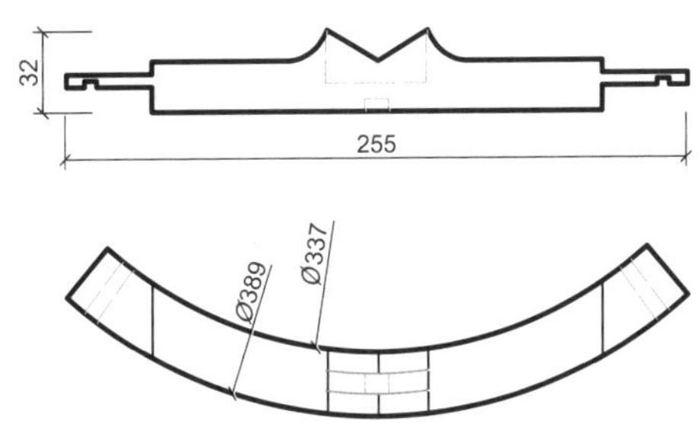

细部结构—托泥（CAD 图 8）

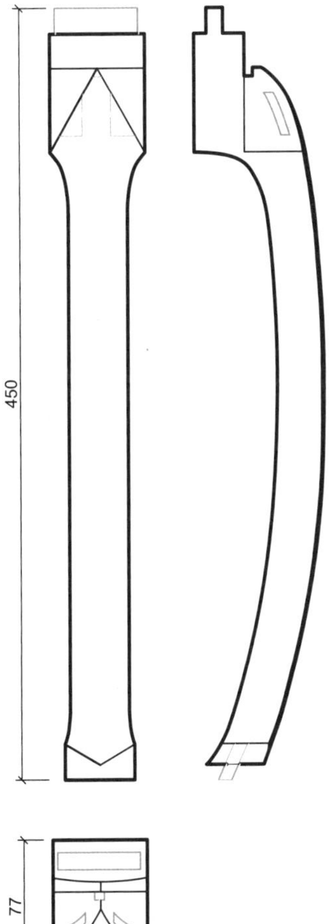

细部效果—腿子（效果图 17）

细部结构—腿子（CAD 图 9）

四面平勾云足方凳

材质：黄花梨

年款：宋

整体外观（效果图 1）

1. 器形点评

此凳为四面平结构，凳面为正方形，凳面与四条腿足之间以粽角榫相接。四腿为方材，直落到地，内翻形成勾云足。此凳线条凝练，挺拔秀气。

2. CAD 图示

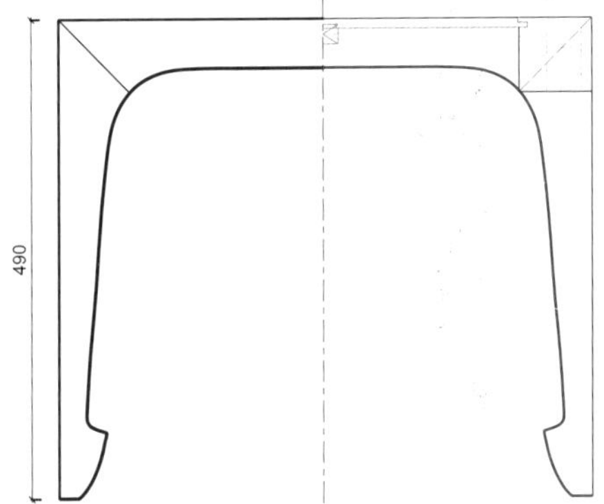

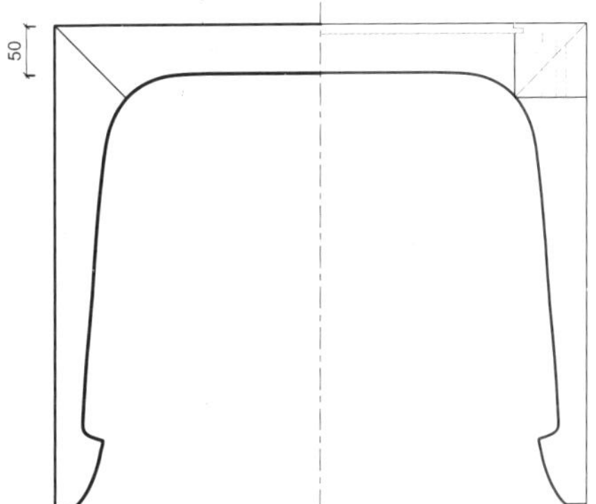

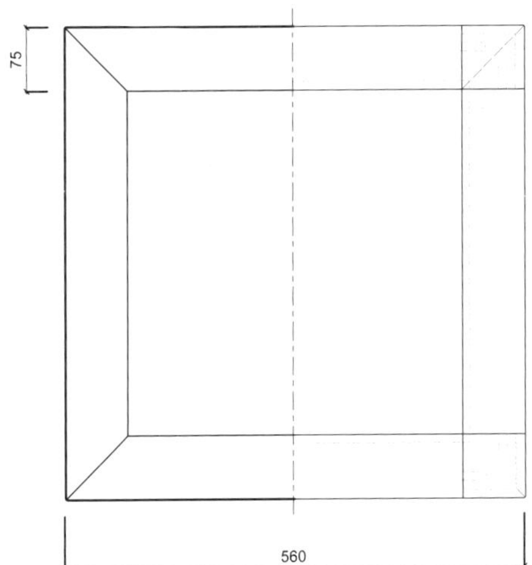

三视结构（CAD 图 1）

3. 用材效果

用材效果（材质：紫檀；效果图 2）

用材效果（材质：黄花梨；效果图 3）

用材效果（材质：红酸枝；效果图 4）

4. 结构爆炸

结构爆炸（效果图5）

5. 部件示意

部件示意—座面（效果图 6）

部件示意—腿子（效果图 7）

6. 细部详解

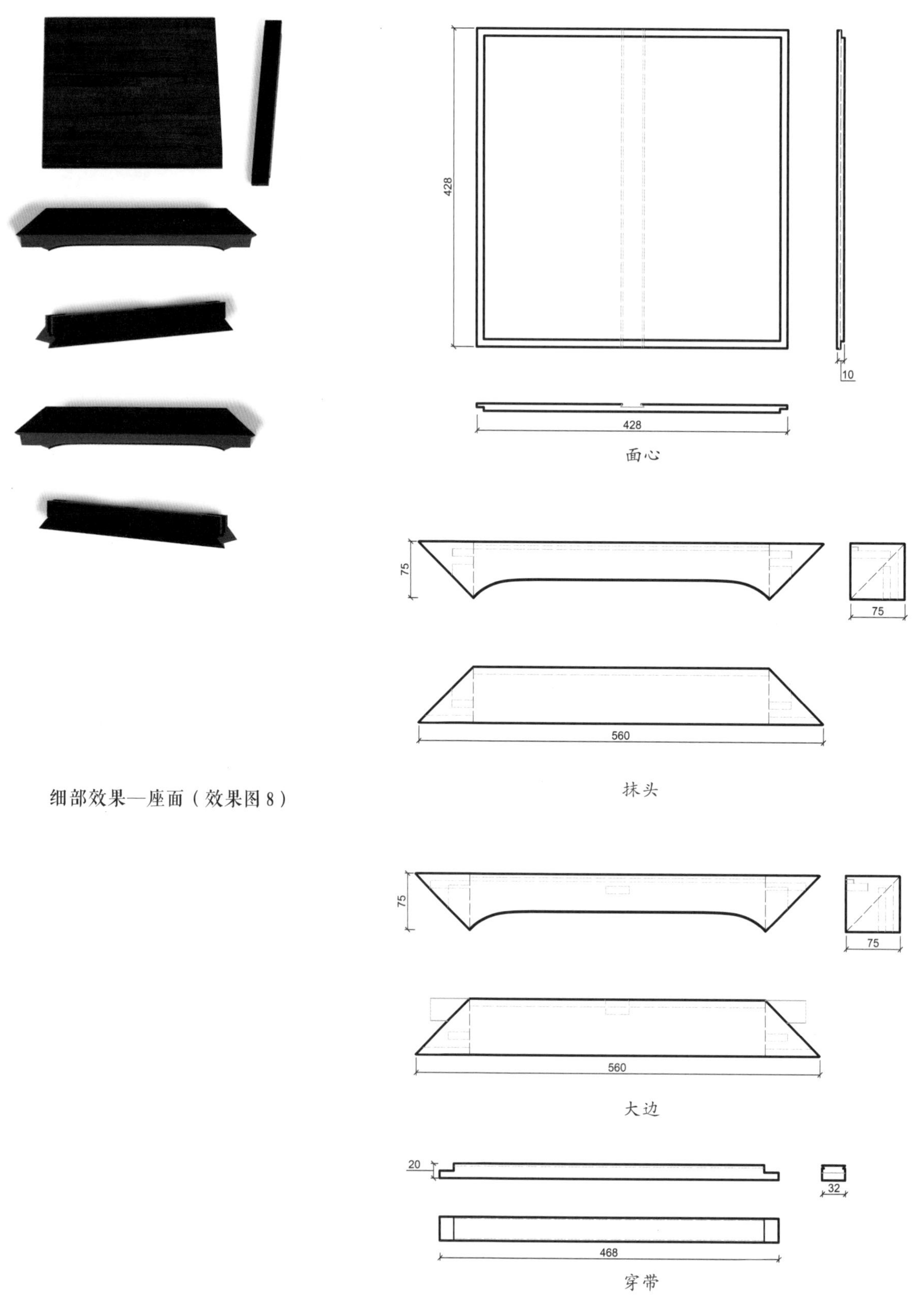

细部效果—座面（效果图 8）

细部结构—座面（CAD 图 2 ~ 图 5）

细部效果—腿子（效果图 9）

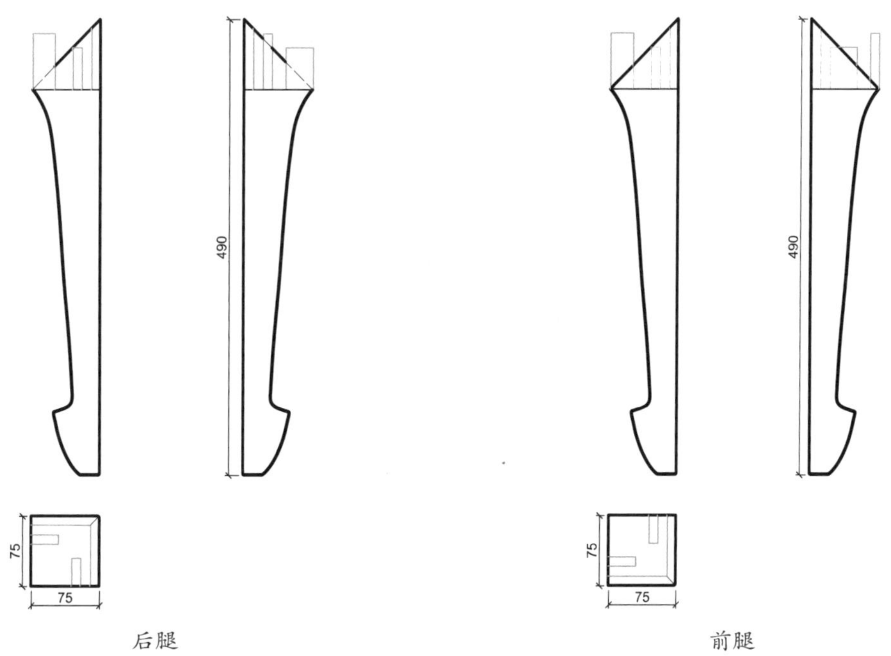

细部结构—腿子（CAD 图 6 ~ 图 7）

四面平大方杌

材质：红酸枝

年款：明

整体外观（效果图 1）

1. 器形点评

此杌座面为正方形，边角为圆角，与四腿用粽角榫接合，成四面平式。边抹中部下垂出洼堂肚牙板。四腿间有罗锅枨相连，直腿一落到地，足端雕成内翻马蹄足。此杌线条流畅，没有多余的繁纹缛饰，简洁大方，端端正正。

2. CAD 图示

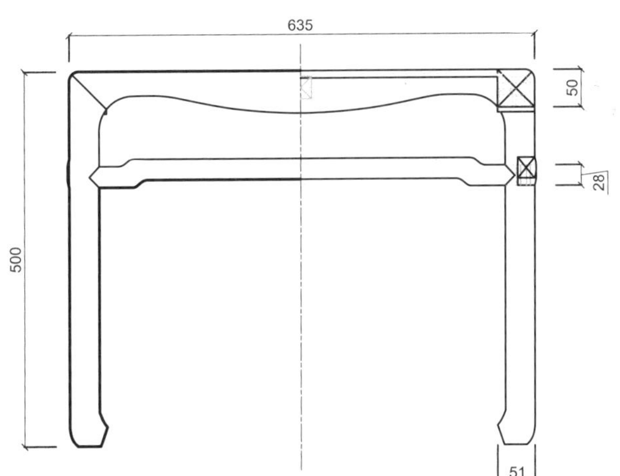

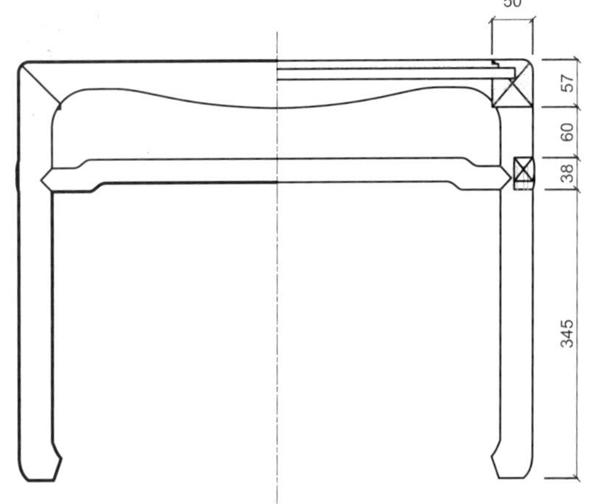

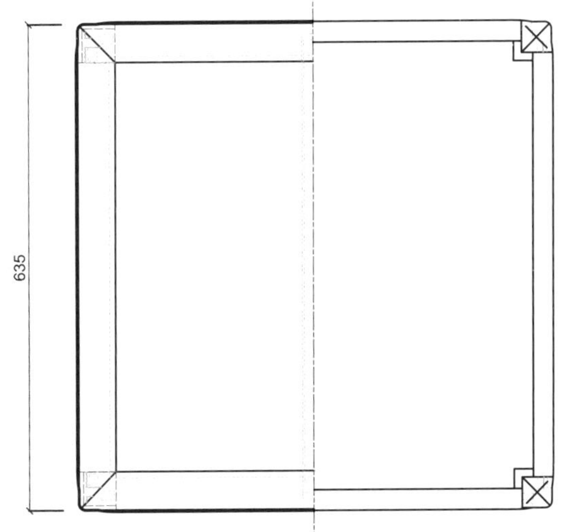

三视结构（CAD 图 1）

3. 用材效果

用材效果（材质：紫檀；效果图 2）

用材效果（材质：黄花梨；效果图 3）

用材效果（材质：红酸枝；效果图 4）

4. 结构爆炸

结构爆炸（效果图5）

5. 部件示意

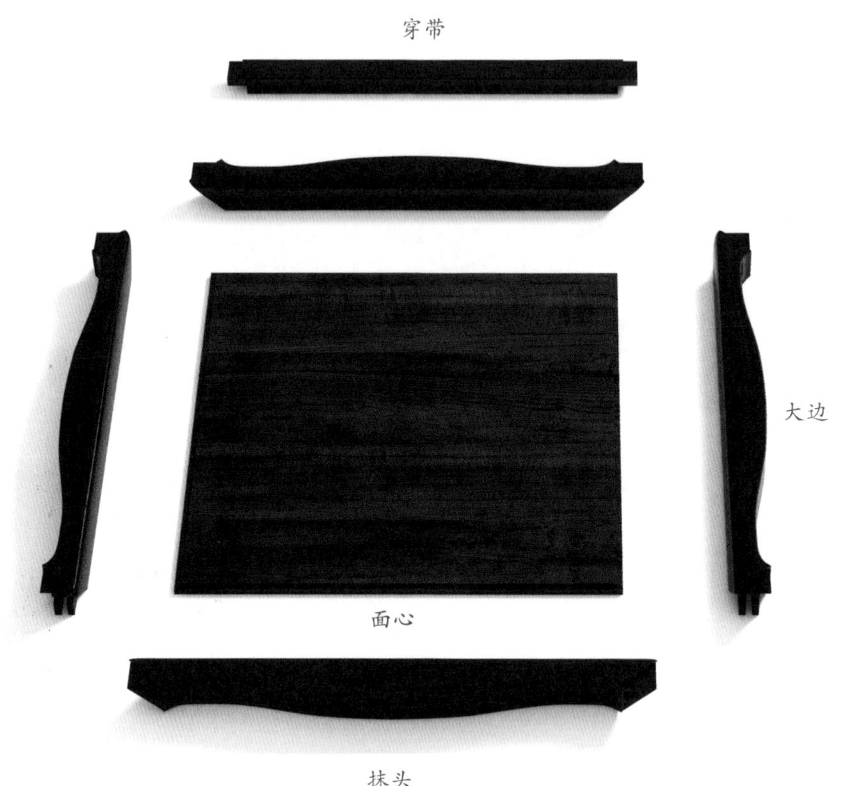

部件示意—座面（效果图 6）

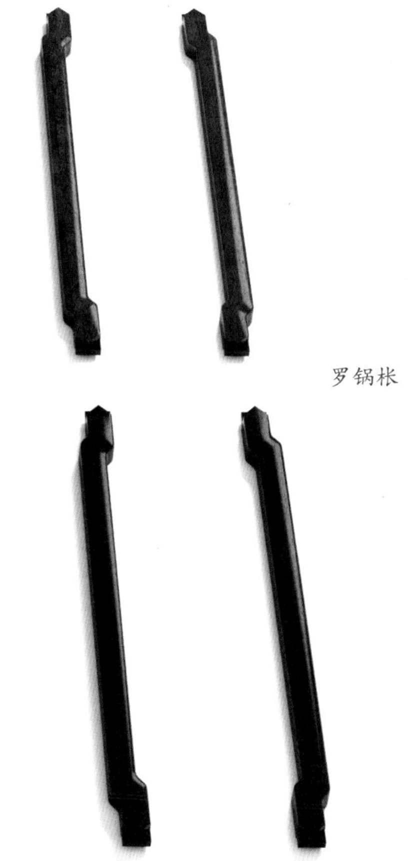

部件示意—罗锅枨（效果图 7）

部件示意—腿子（效果图 8）

6. 细部详解

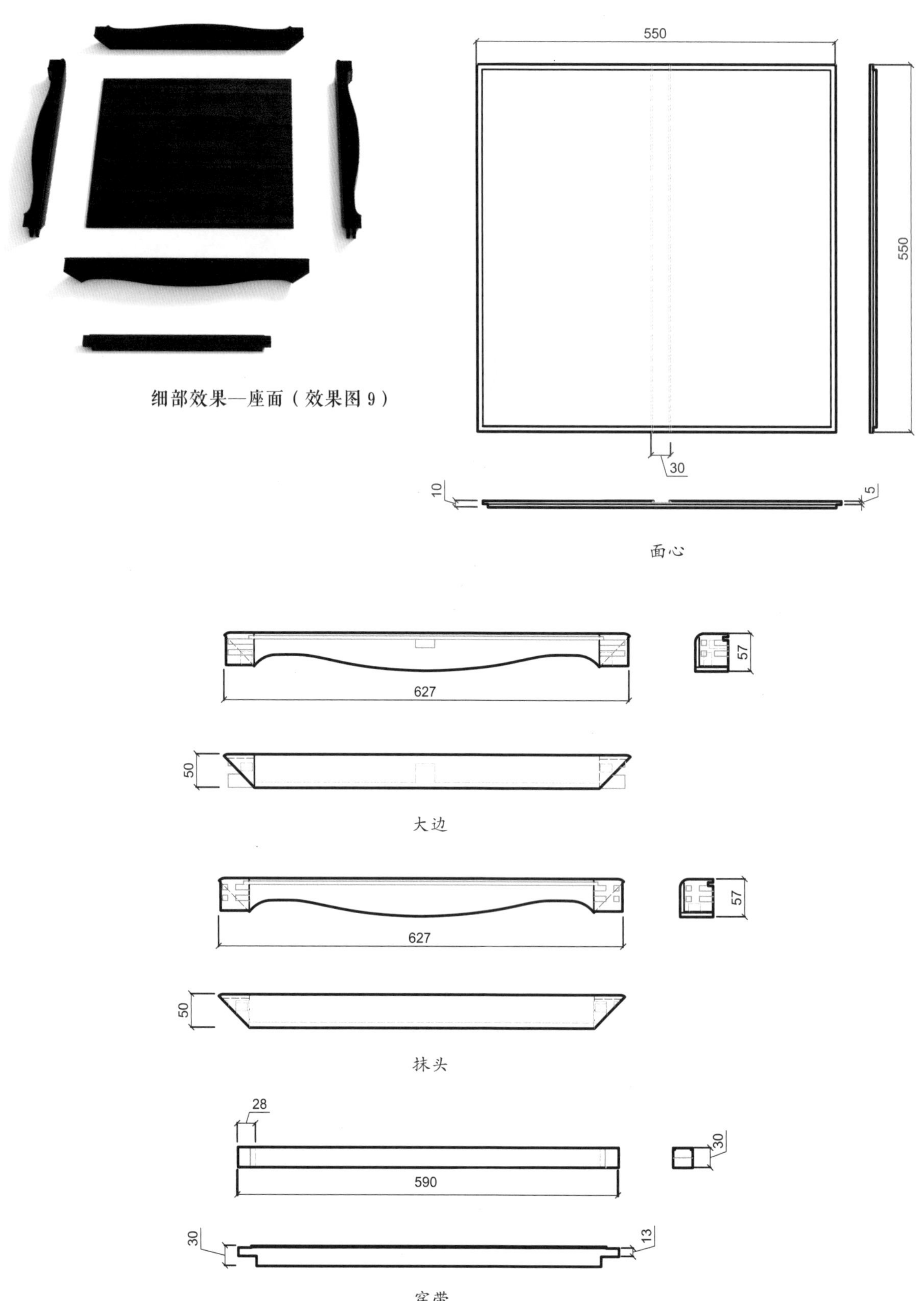

细部效果—座面（效果图 9）

细部结构—座面（CAD 图 2 ~图 5）

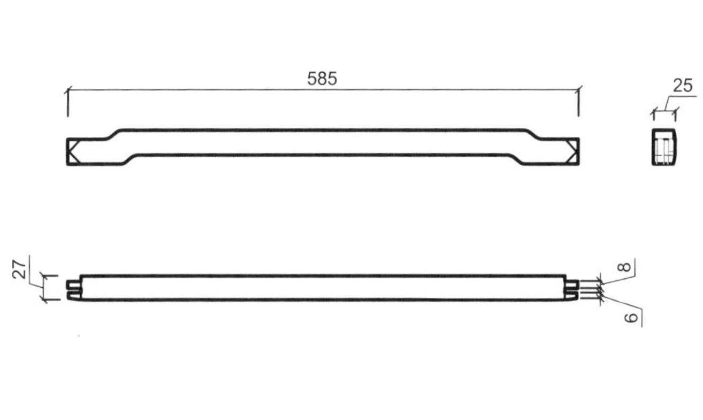

细部结构—罗锅枨（CAD 图 6）

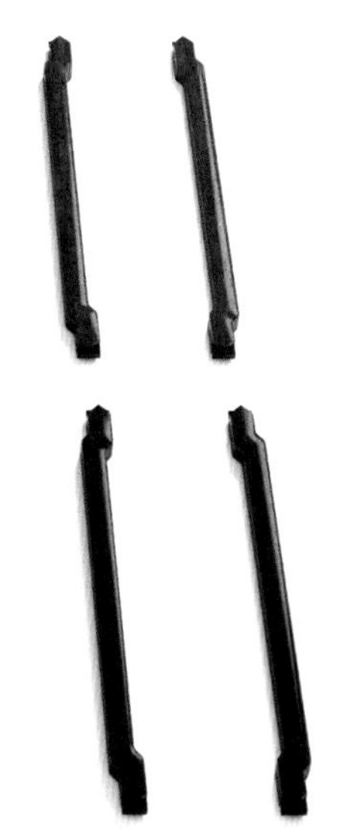
细部效果—罗锅枨（效果图 10）

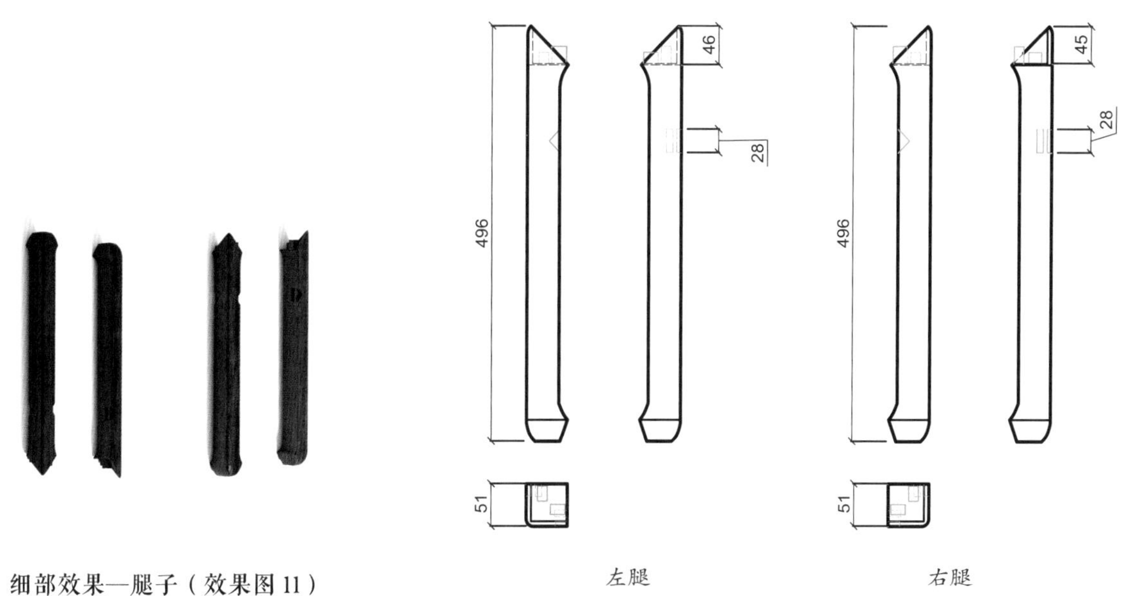

细部效果—腿子（效果图 11）

细部结构—腿子（CAD 图 7 ~ 图 8）

藤心大方杌

材质：黄花梨

年款：明

整体外观（效果图 1）

1. 器形点评

此杌座面四面攒边框，镶藤心，面沿劈料做。四腿为多混面劈料做法，形成瓜棱腿样式。腿足上方安有双罗锅枨，罗锅枨亦为双劈料。此方杌造型仿竹藤家具的自然特点，没有过多的花纹雕刻装饰，唯以丰富的线脚变化来展示其独特的风格。

2. CAD 图示

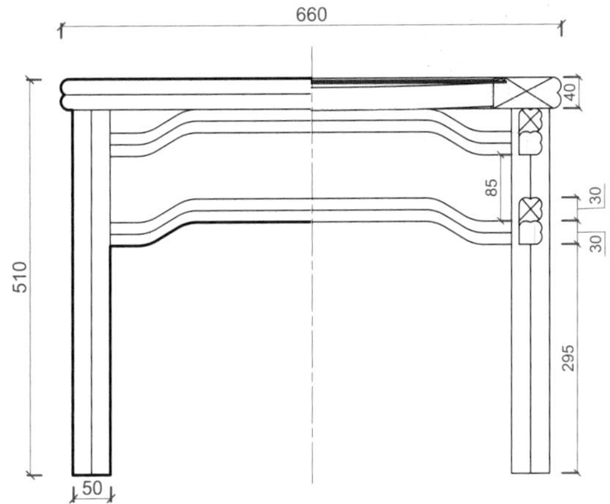

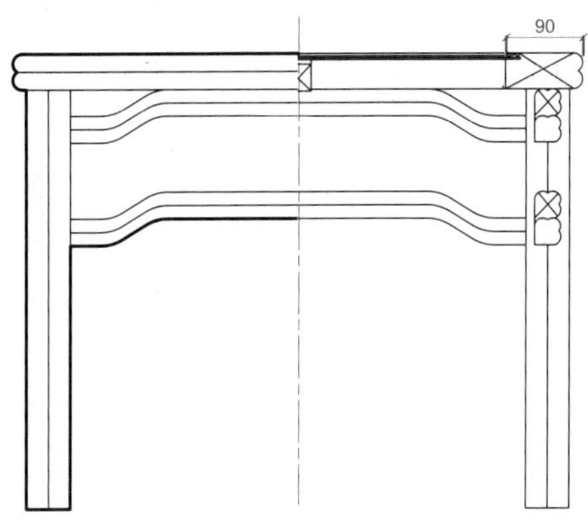

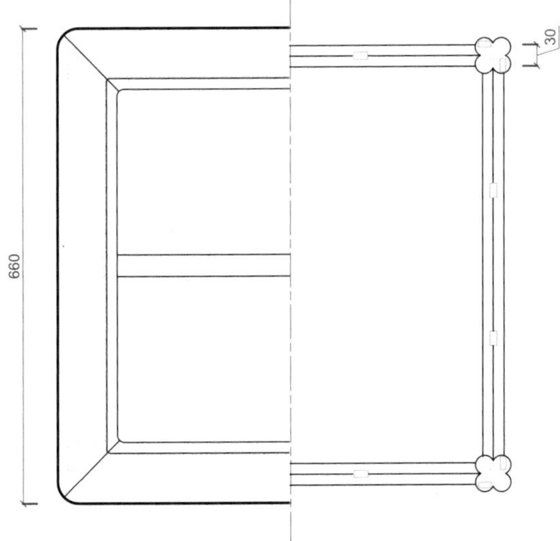

三视结构（CAD 图 1）

3. 用材效果

用材效果（材质：紫檀；效果图 2）

用材效果（材质：黄花梨；效果图 3）

用材效果（材质：红酸枝；效果图 4）

4. 结构爆炸

结构爆炸（效果图 5）

5. 部件示意

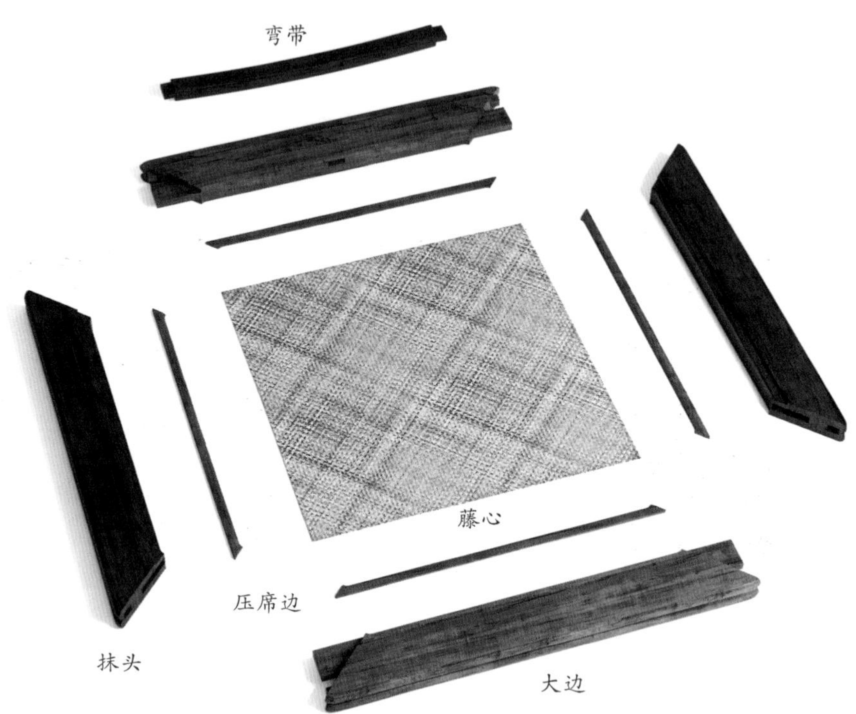

部件示意—座面（效果图 6）

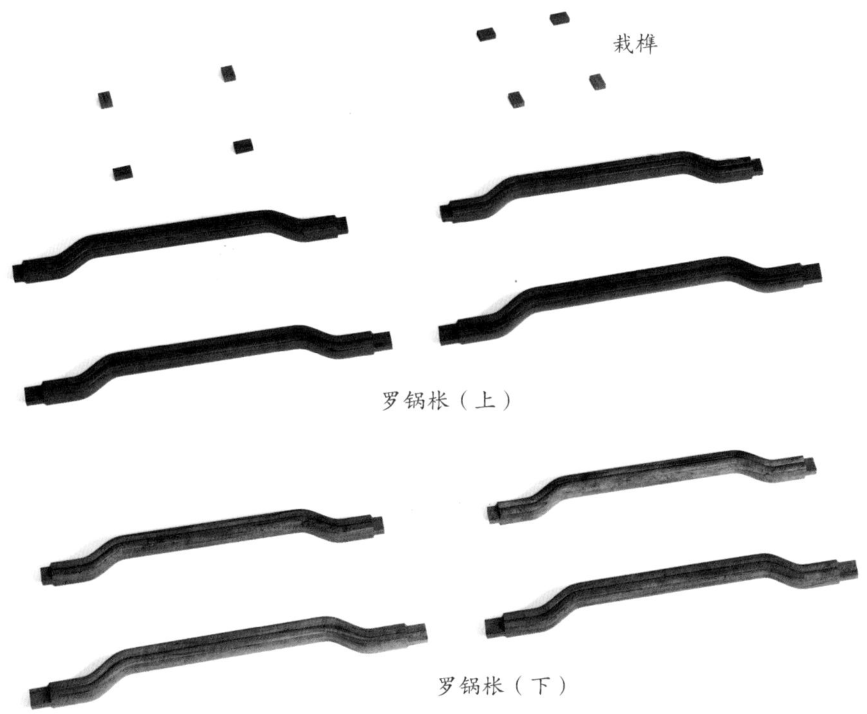

部件示意—罗锅枨（效果图 7）

部件示意—腿子（效果图 8）

6. 细部详解

细部效果—座面（效果图 9）

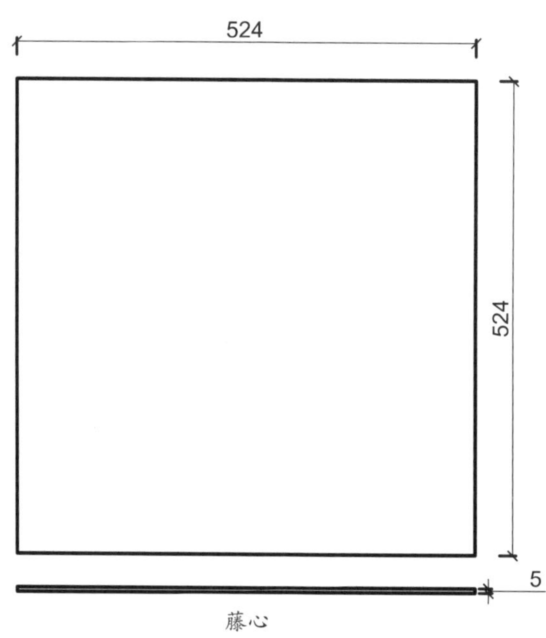

藤心

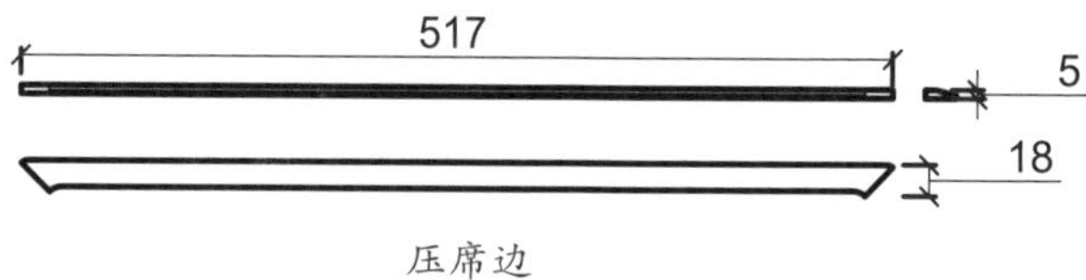

压席边

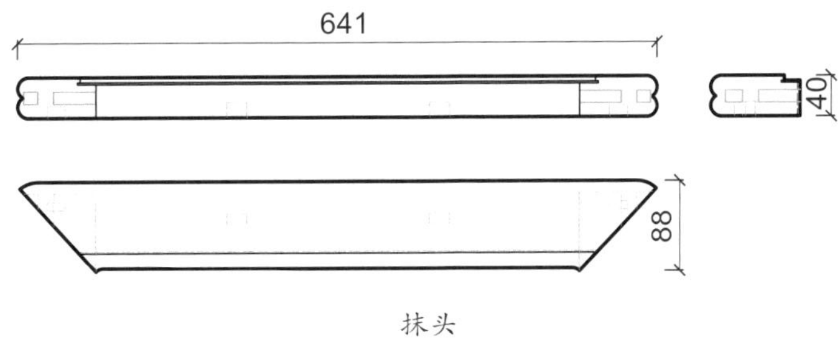

抹头

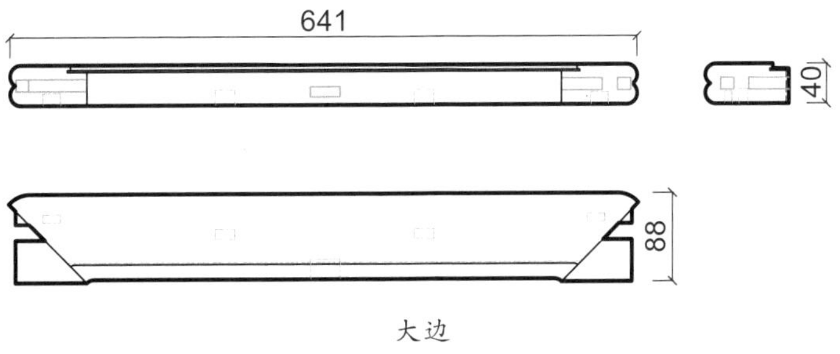

大边

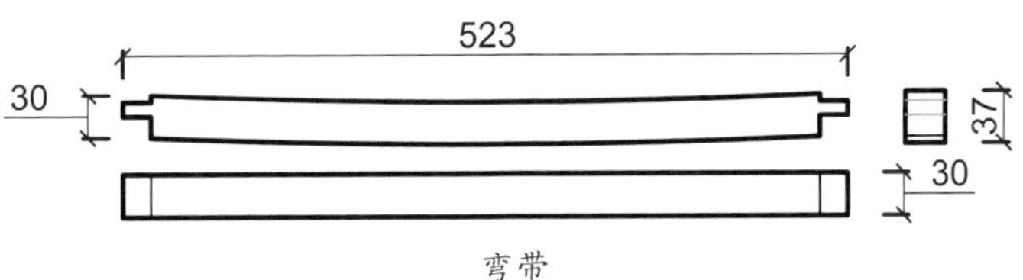

弯带

细部结构—座面（CAD 图 2 ~图 6）

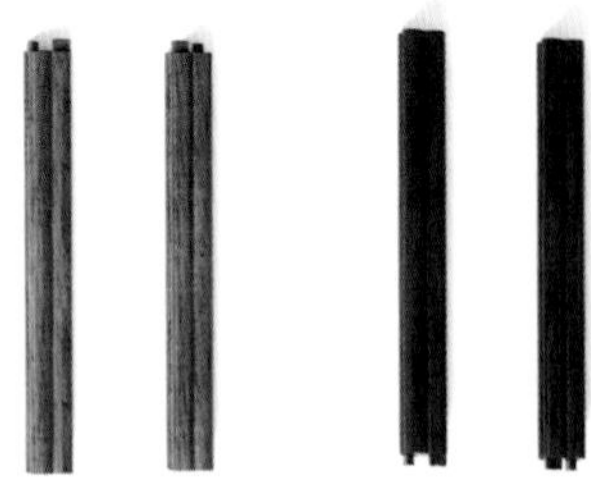

细部效果—腿子（效果图 10）

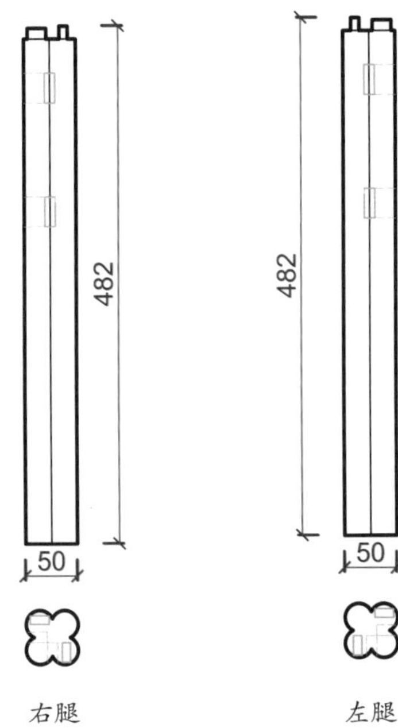

细部结构—腿子（CAD 图 7 ~图 8）

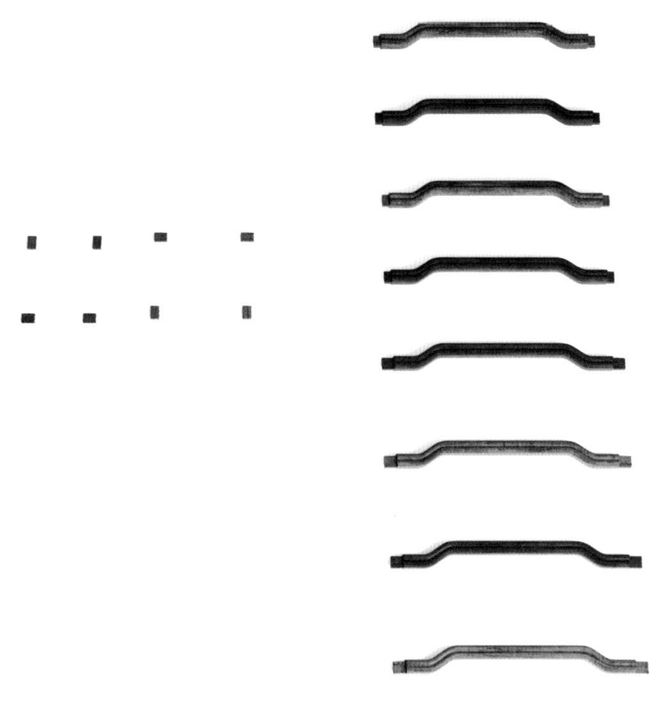

细部效果—罗锅枨（效果图 11）

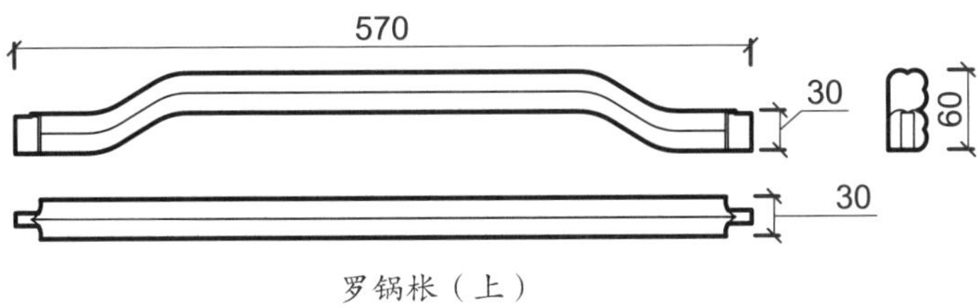

罗锅枨（上）

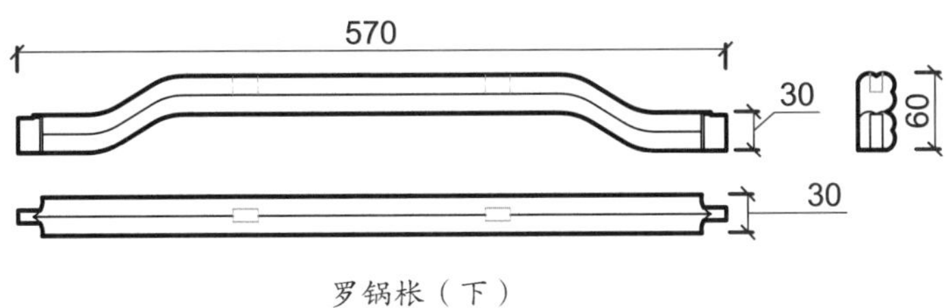

罗锅枨（下）

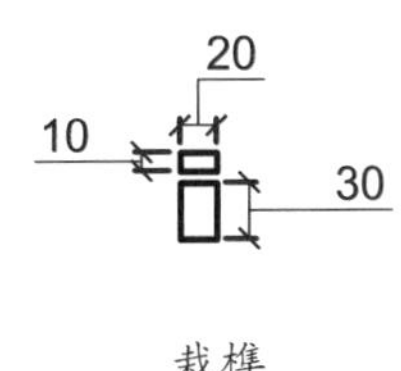

栽榫

细部结构—罗锅枨（CAD 图 9 ~ 图 11）

有束腰条凳

材质：黄花梨

年款：明

整体外观（效果图1）

1. 器形点评

此条凳座面攒框装板，四周方正，用材厚重。其下束腰与牙板为一木连做，运用假两上的做法兼顾了窄束腰与细牙板的造型需求，甚为巧妙。牙板采用壸门三段式，边缘起阳线，与四腿相接。腿子呈抱肩状，直落而下，内翻马蹄足，下踩圆珠。此凳造型虽简，却举重若轻，线条劲挺流畅，颇具明式韵味。

2. CAD 图示

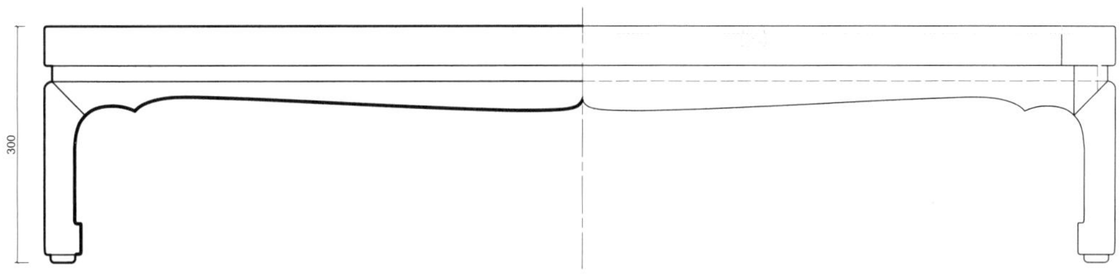

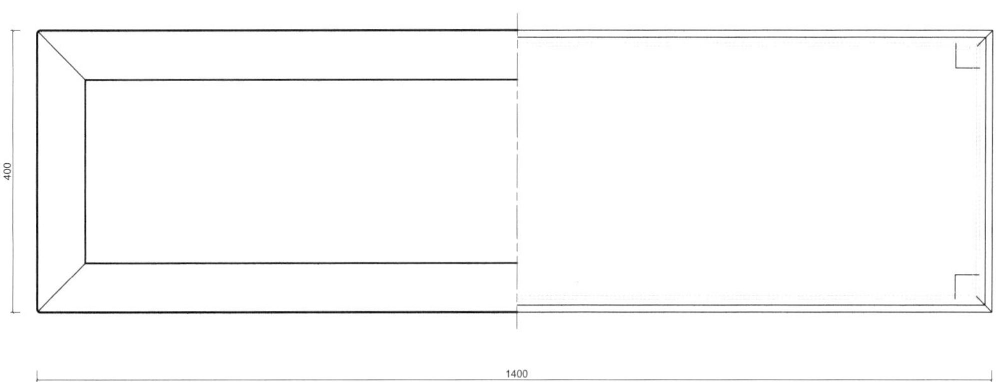

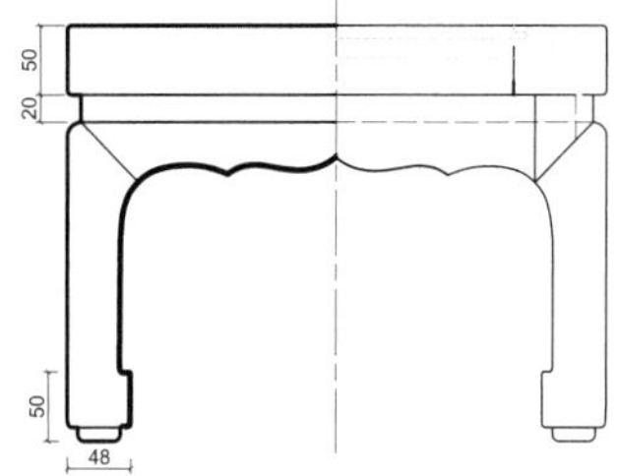

三视结构（CAD 图 1）

3. 用材效果

用材效果（材质：紫檀；效果图 2）

用材效果（材质：黄花梨；效果图 3）

用材效果（材质：红酸枝；效果图 4）

4. 结构爆炸

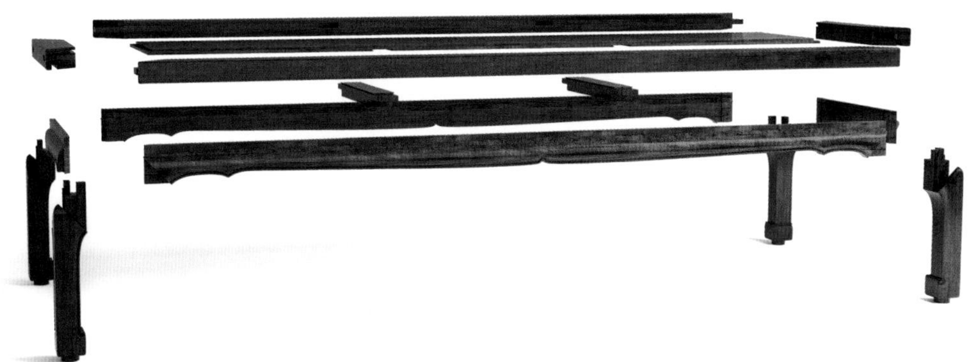

结构爆炸（效果图 5）

5. 部件示意

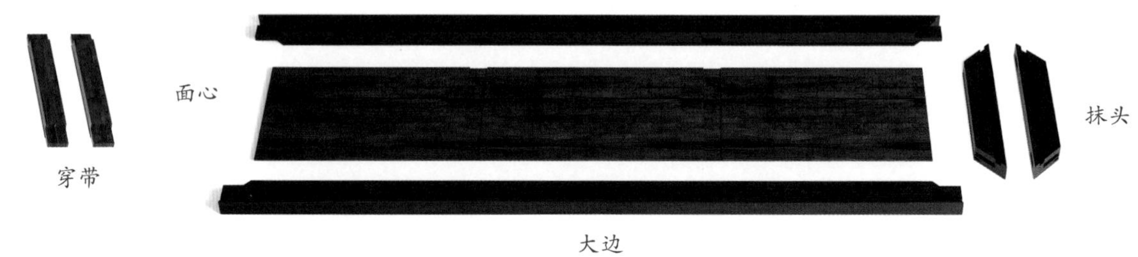

部件示意—座面（效果图 6）

部件示意—腿子（效果图 7）

壶门牙板（侧）

壶门牙板（正）

部件示意—牙板（效果图8）

6. 细部详解

细部效果—座面（效果图 9）

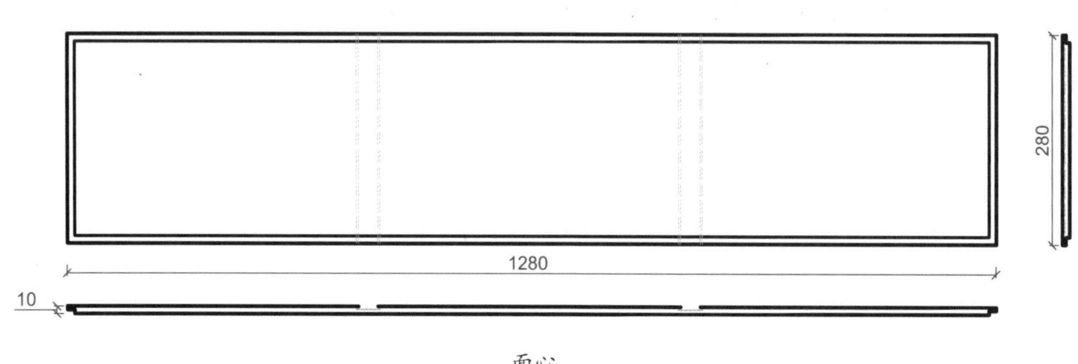

面心

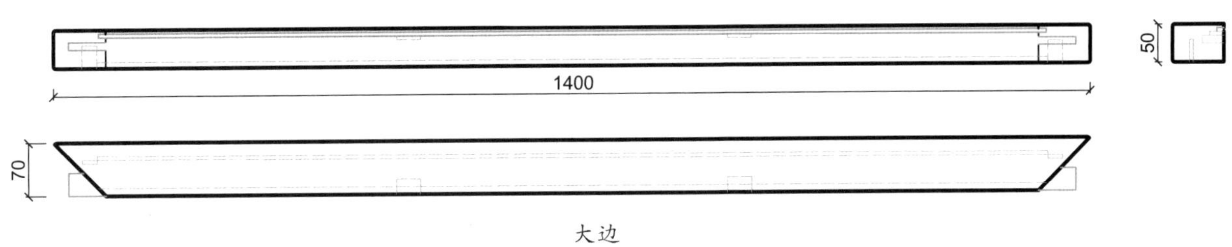

大边

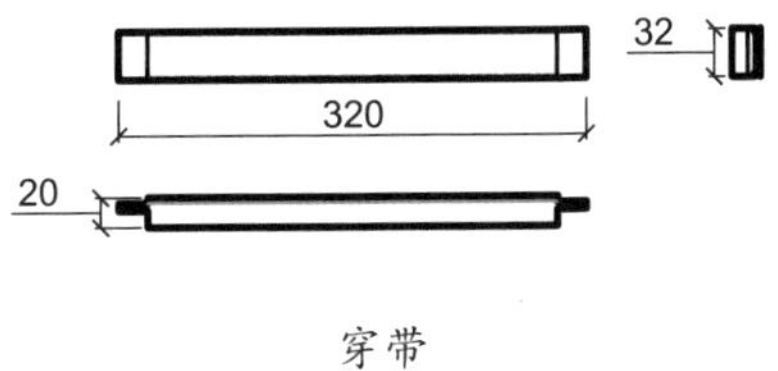

穿带

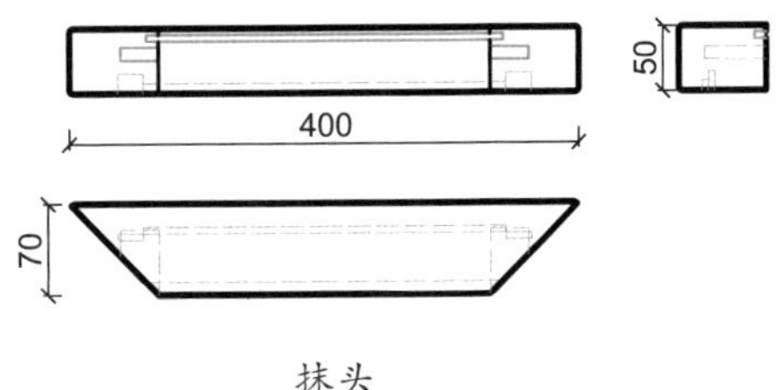

抹头

细部结构—座面（CAD图2～图5）

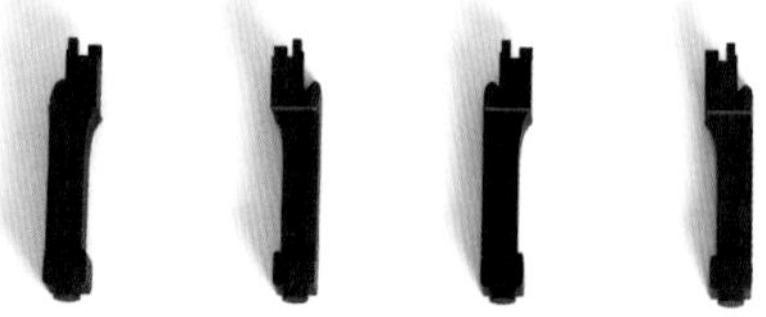

细部效果—腿子（效果图 10）

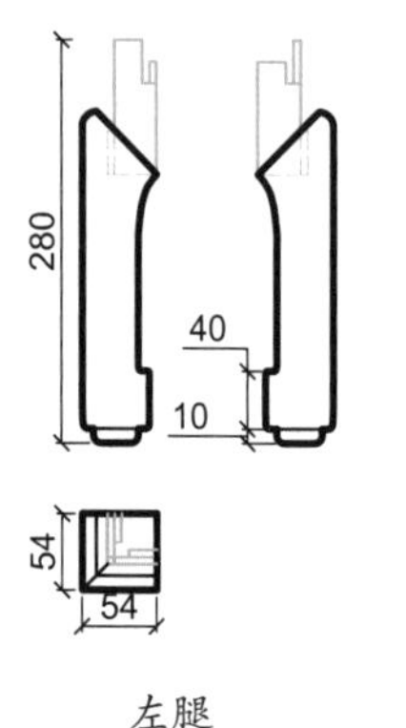

左腿

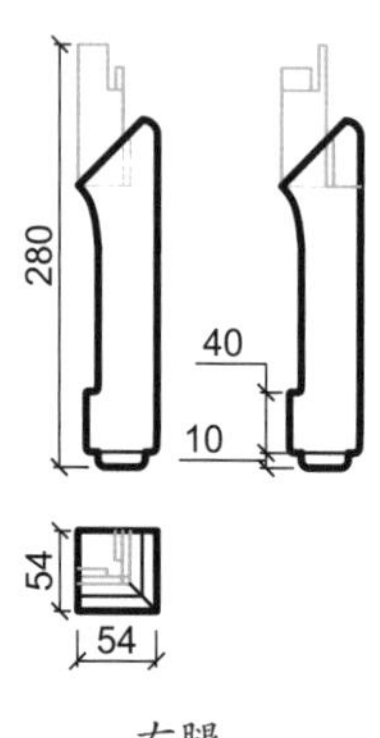

右腿

细部结构—腿子（CAD 图 6 ~图 7）

细部效果—牙板（效果图 11）

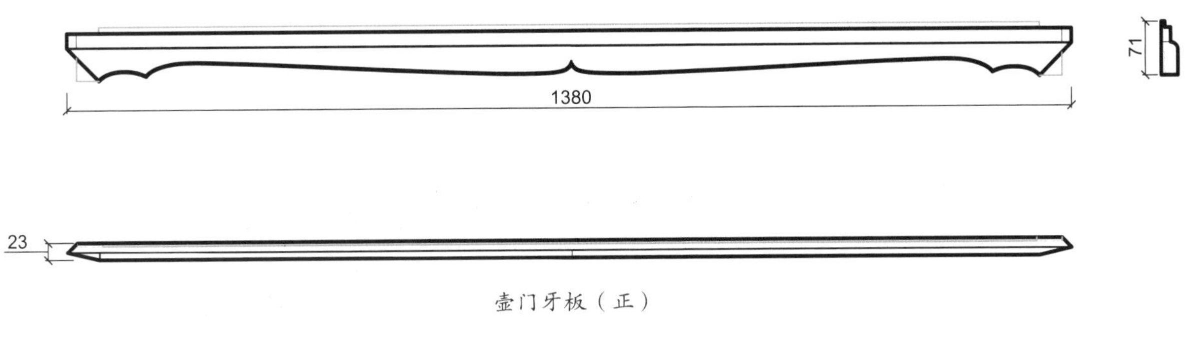

壶门牙板（正）

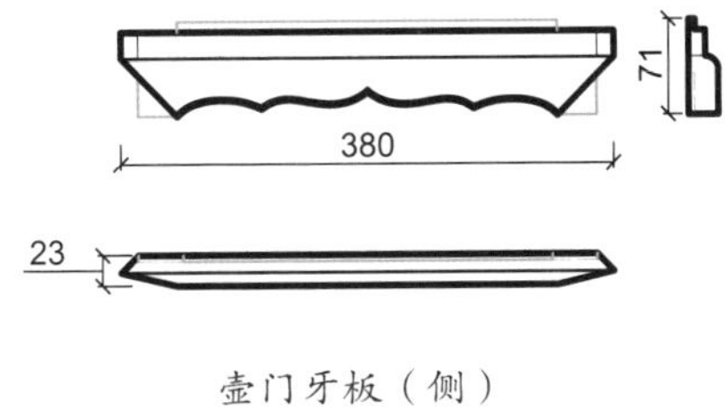

壶门牙板（侧）

细部结构—牙板（CAD 图 8 ~ 图 9）

西番莲纹脚踏

材质：紫檀

年款：清

整体外观（效果图1）

1. 器形点评

此脚踏踏面为长方形，下有束腰，束腰打洼，下为云纹曲线形牙板，其上浮雕西番莲纹（效果图上纹饰略去）。四条腿足粗硕有力，与牙板粽角榫相接。四腿直下，至足端雕成内翻回纹马蹄。

2. CAD 图示

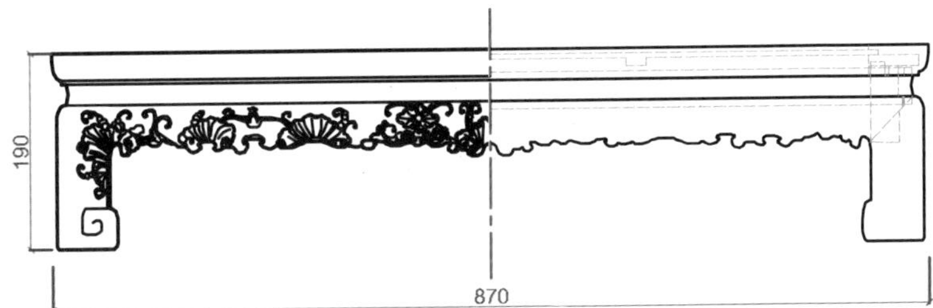

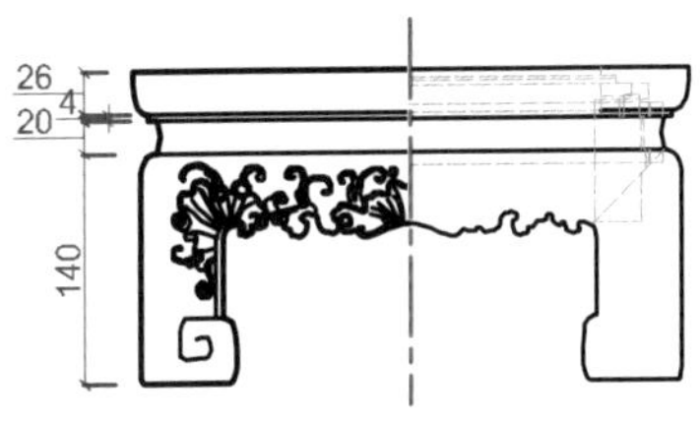

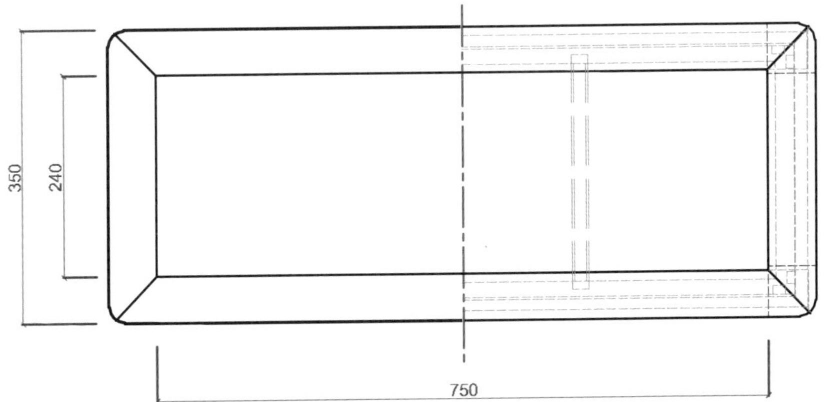

三视结构（CAD 图 1）

3. 用材效果

用材效果（材质：紫檀；效果图 2）

用材效果（材质：黄花梨；效果图 3）

用材效果（材质：红酸枝；效果图 4）

4. 结构爆炸

结构爆炸（效果图 5）

5. 部件示意

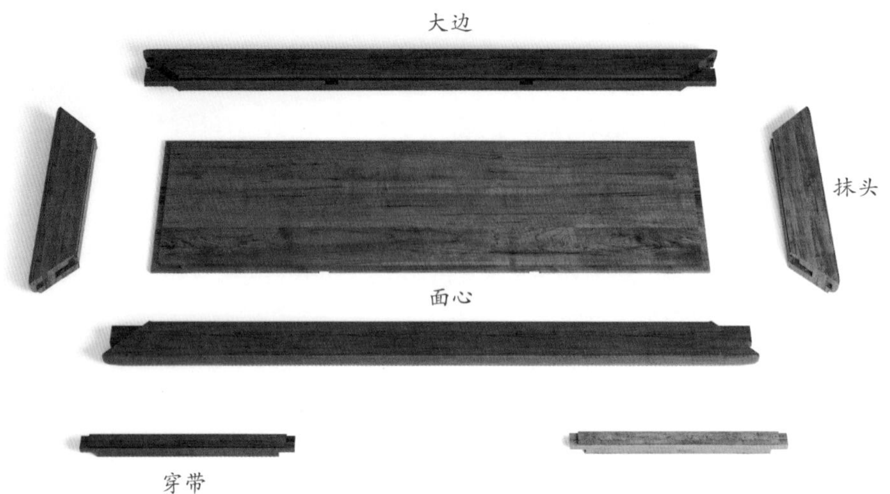

部件示意—踏面（效果图 6）

部件示意—束腰（效果图 7）

部件示意—牙板（效果图 8）

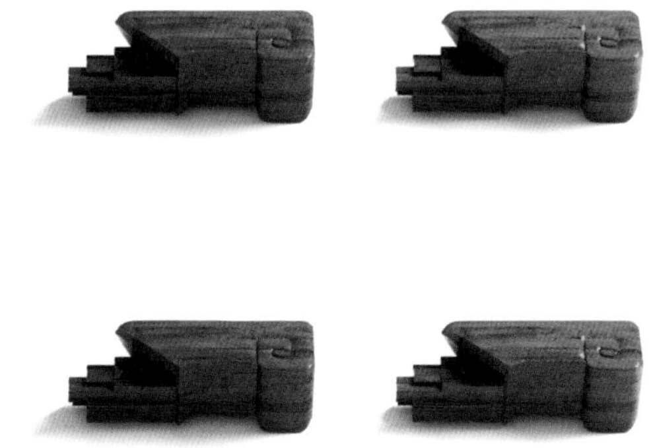

部件示意—腿子（效果图 9）

6. 细部详解

细部效果—踏面（效果图 10）

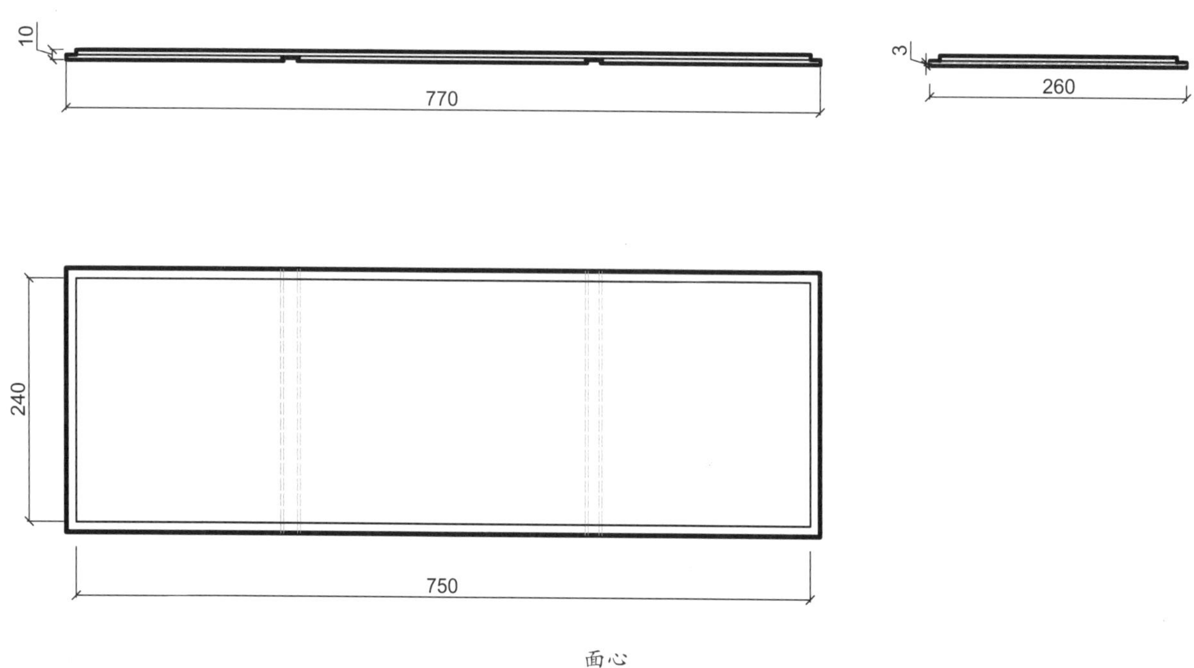

面心

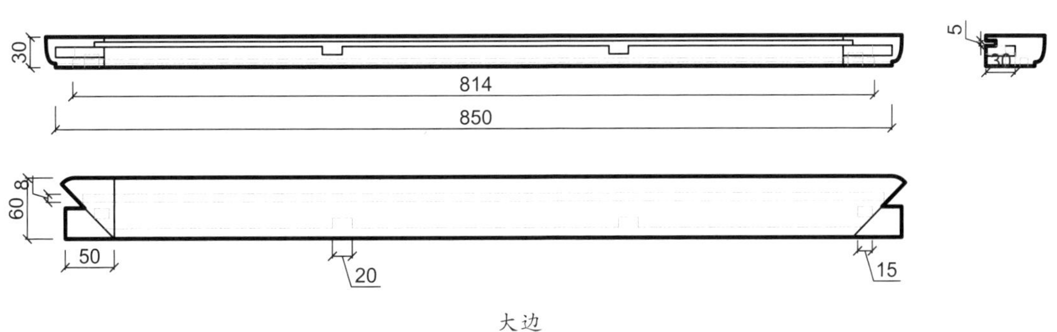

大边

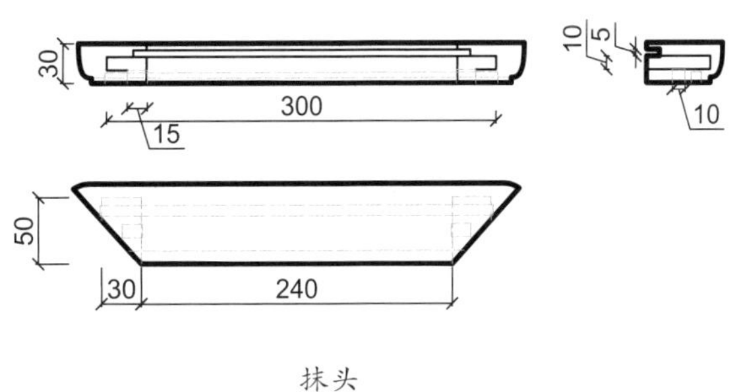

抹头

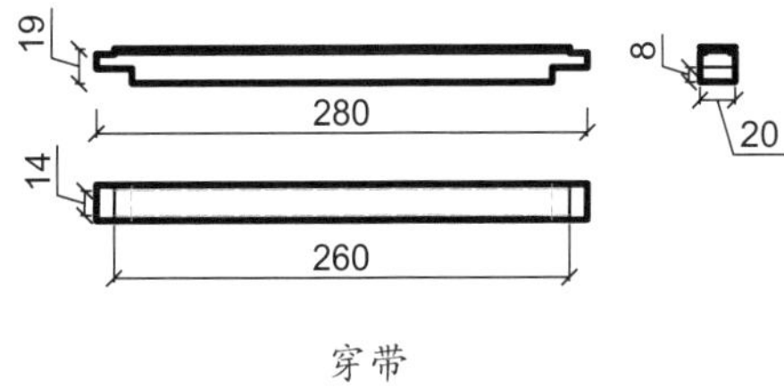

穿带

细部结构—踏面（CAD 图 2 ~图 5）

细部效果—牙板（效果图 11）

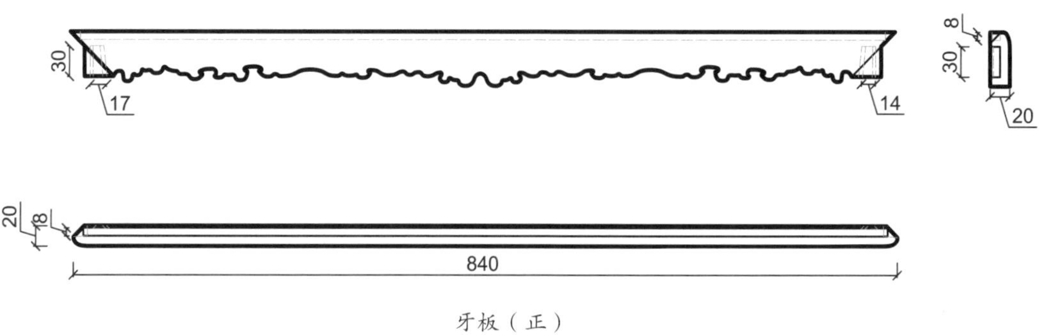

牙板（正）

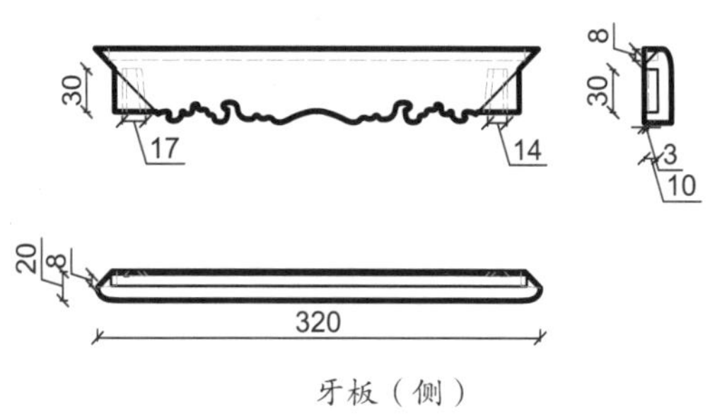

牙板（侧）

细部结构—牙板（CAD 图 6 ~图 7）

细部效果—束腰（效果图 12）

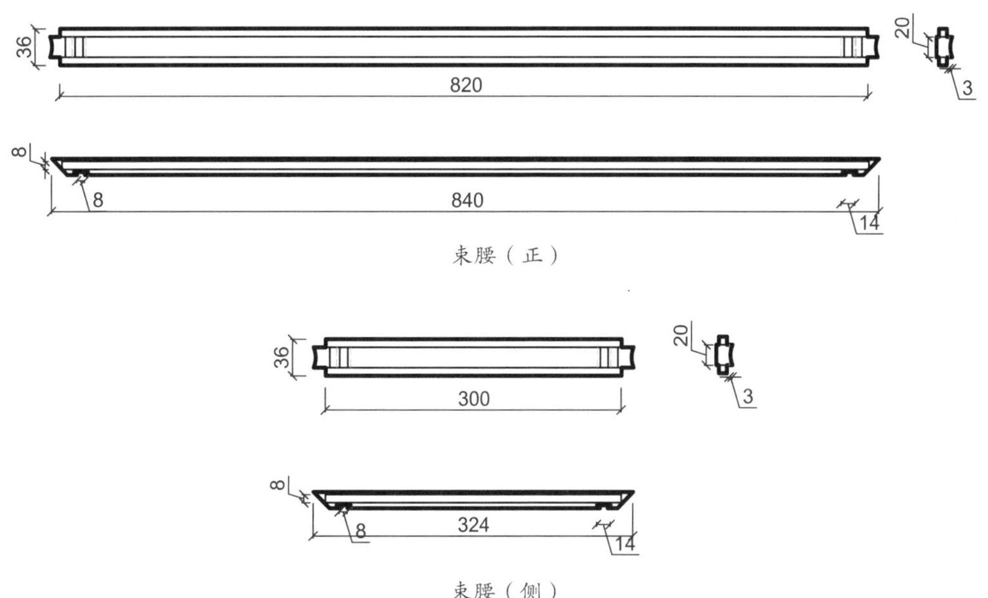

细部结构—束腰（CAD 图 8 ~ 图 9）

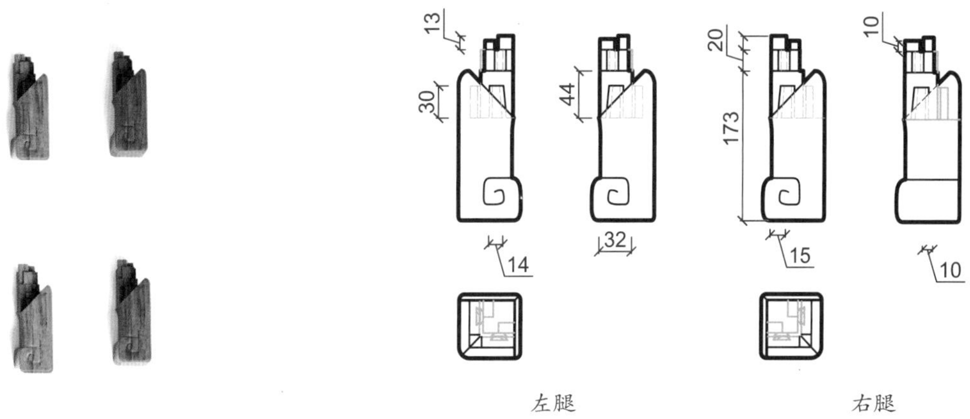

细部效果—腿子（效果图 13）

细部结构—腿子（CAD 图 10 ~ 图 11）

带托泥脚踏

材质：黄花梨

年款：清

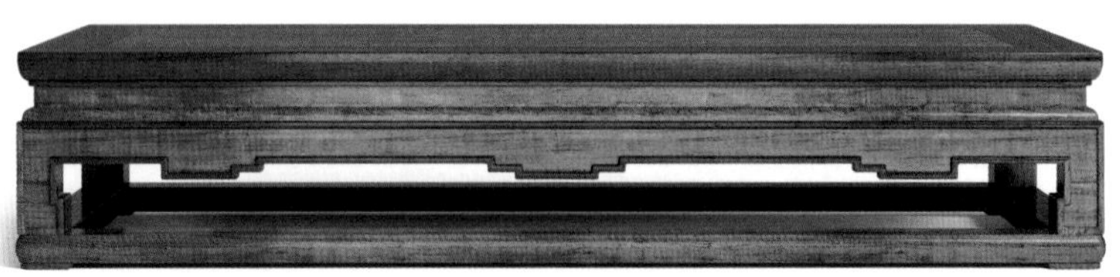

整体外观（效果图 1）

1. 器形点评

此脚踏踏面长方平直，边抹冰盘沿线脚，踏面下有束腰。牙子为方形垂肚的洼堂肚牙子。四腿为方材，短硕有力，足端雕成内翻马蹄足，下有托泥相承。这件脚踏虽然是一件承托双足的家具，但是做工一丝不苟，线脚简洁流畅，方正规矩。

2. CAD 图示

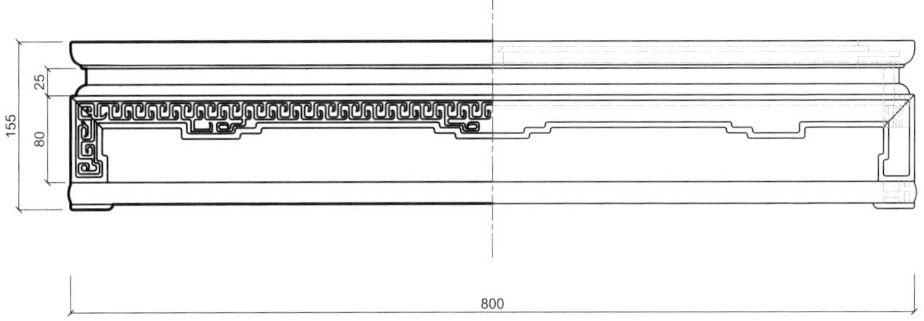

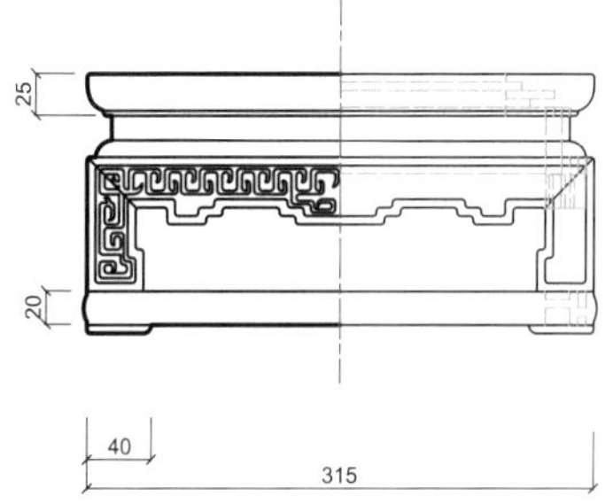

三视结构（CAD 图 1）

3. 用材效果

用材效果（材质：紫檀；效果图 2）

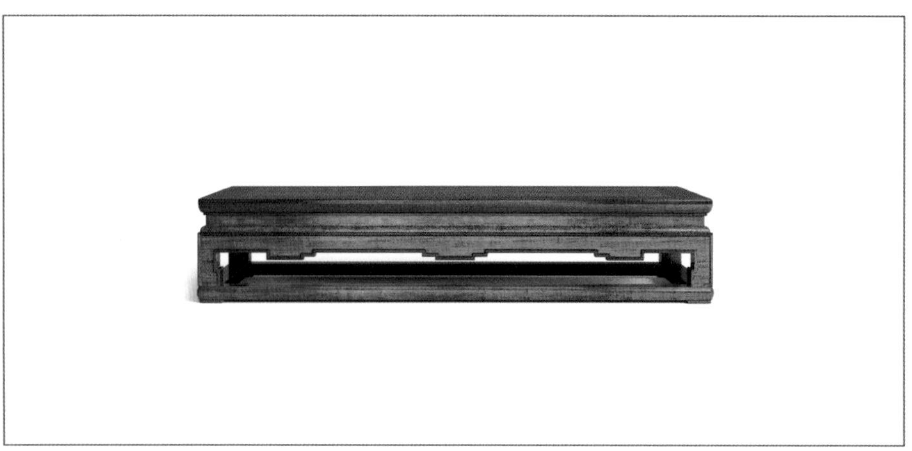

用材效果（材质：黄花梨；效果图 3）

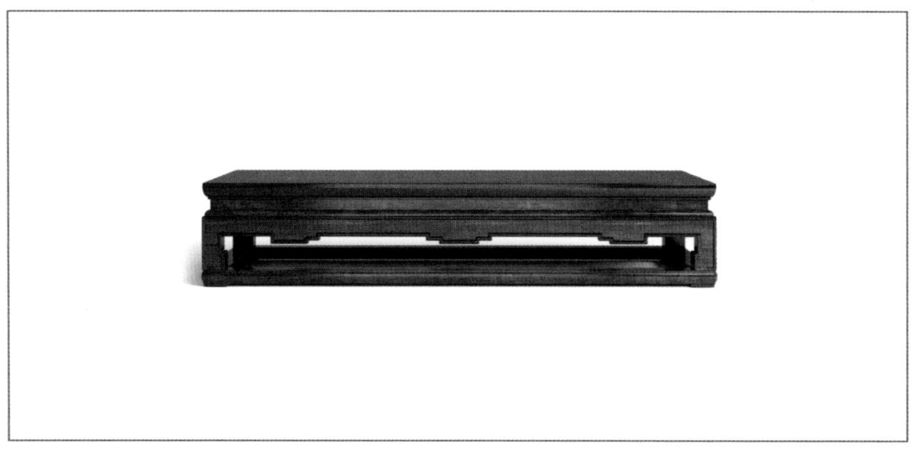

用材效果（材质：红酸枝；效果图 4）

4. 结构爆炸

结构爆炸（效果图5）

5. 部件示意

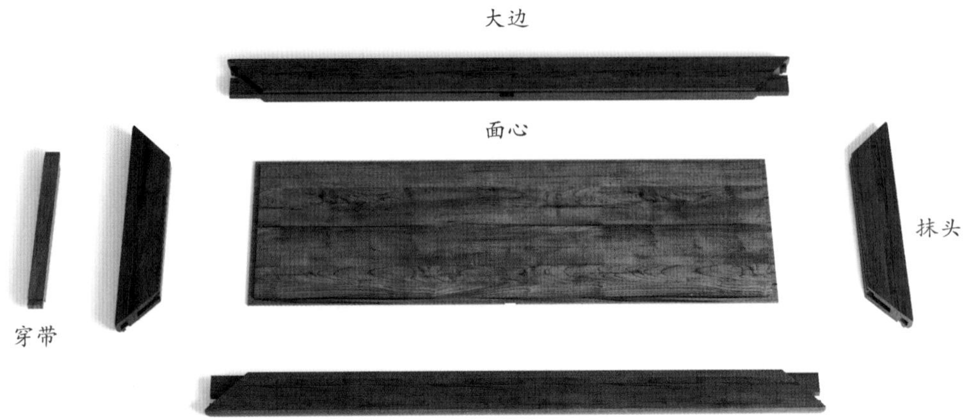

部件示意—踏面（效果图 6）

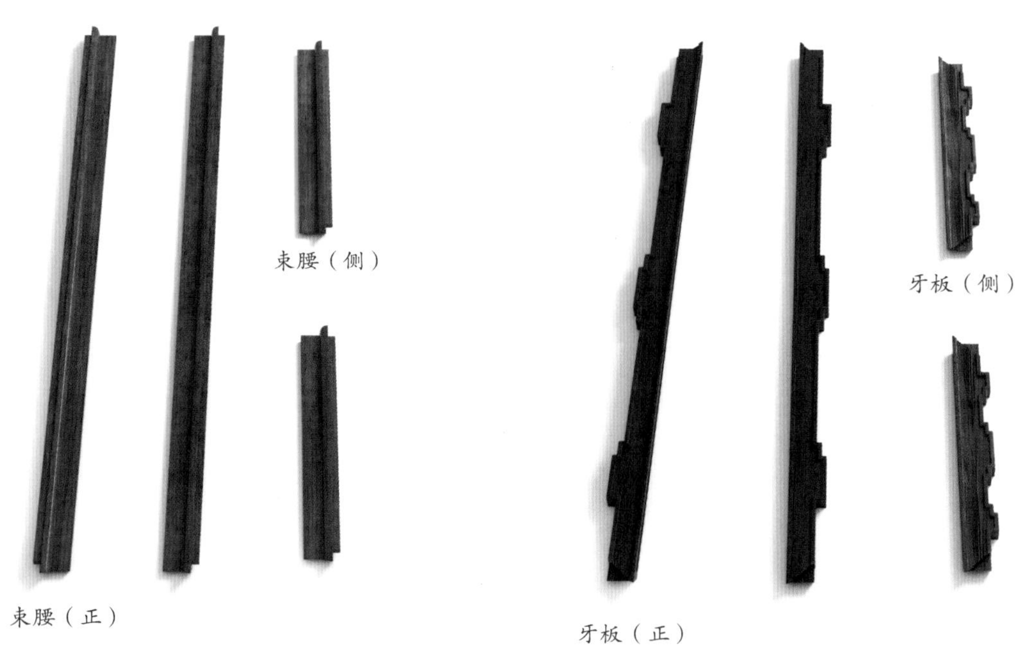

部件示意—束腰（效果图 7）

部件示意—牙板（效果图 8）

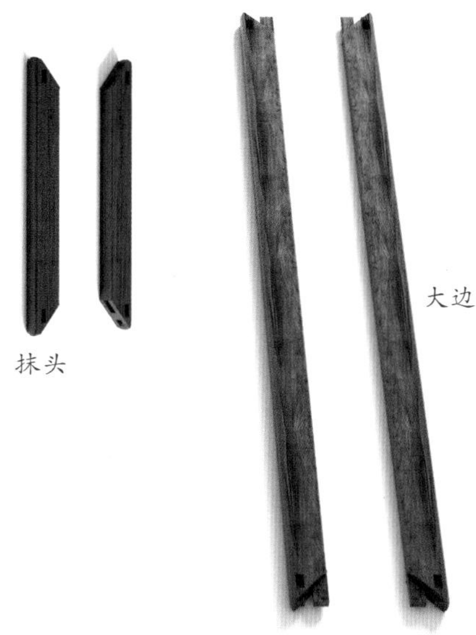

部件示意—托泥（效果图 9）

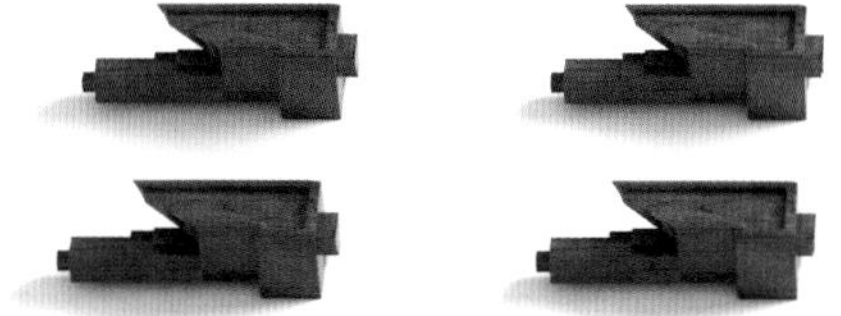

部件示意—腿子（效果图 10）

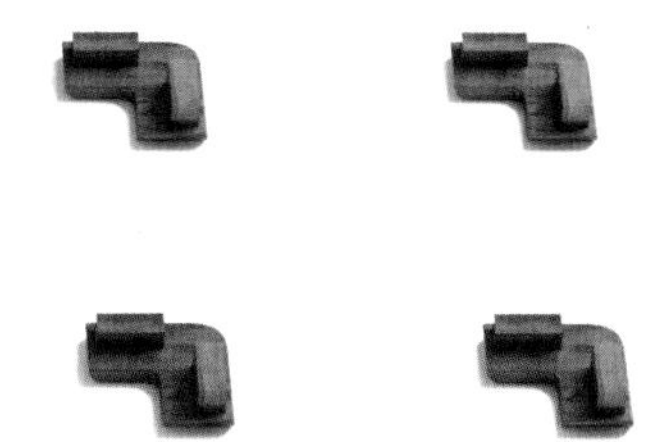

部件示意—龟足（效果图 11）

6. 细部详解

细部效果—踏面（效果图 12）

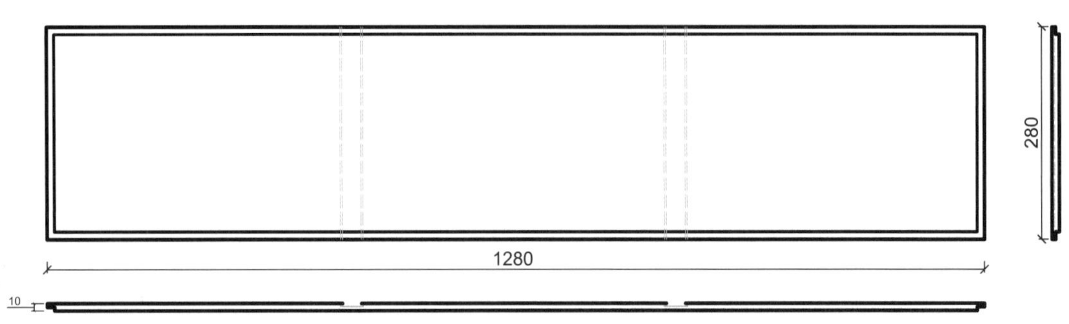

面心

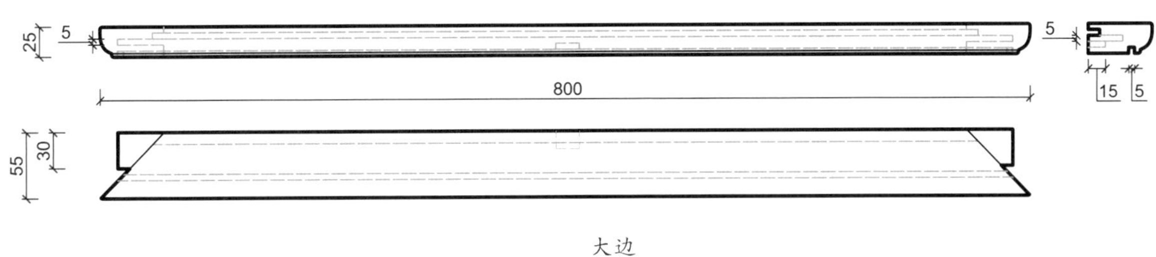

大边

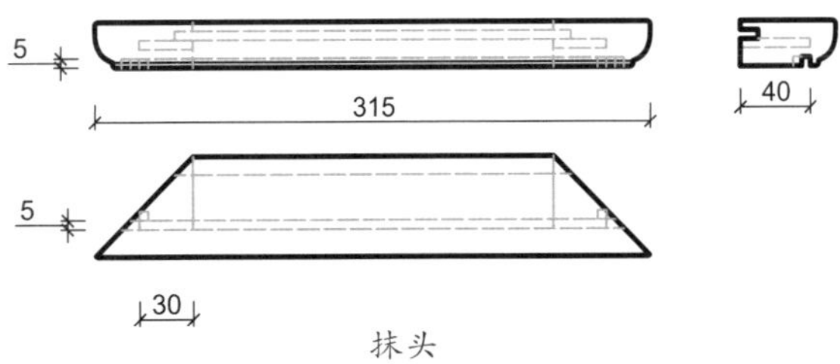

抹头

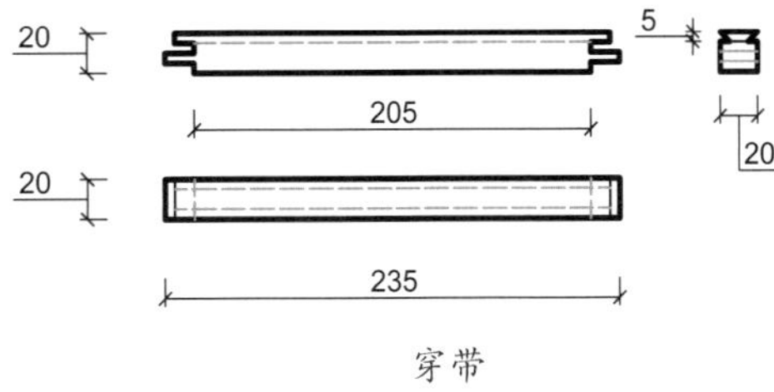

穿带

细部结构—踏面（CAD 图 2 ~图 5）

细部效果—束腰（效果图13）

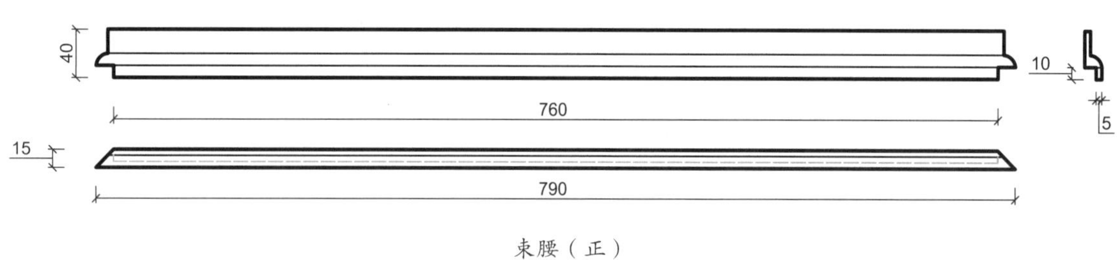

束腰（正）

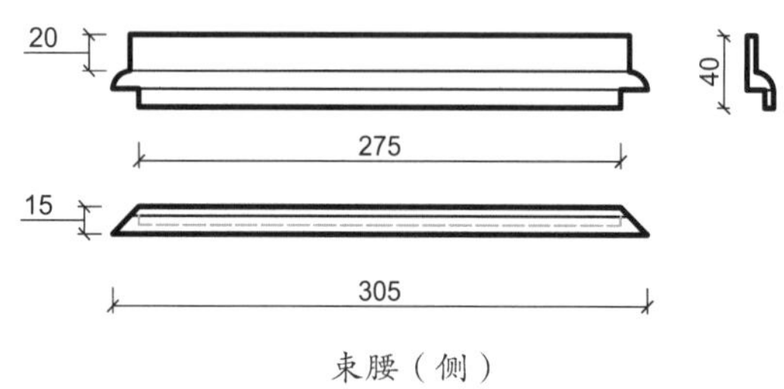

束腰（侧）

细部结构—束腰（CAD图6～图7）

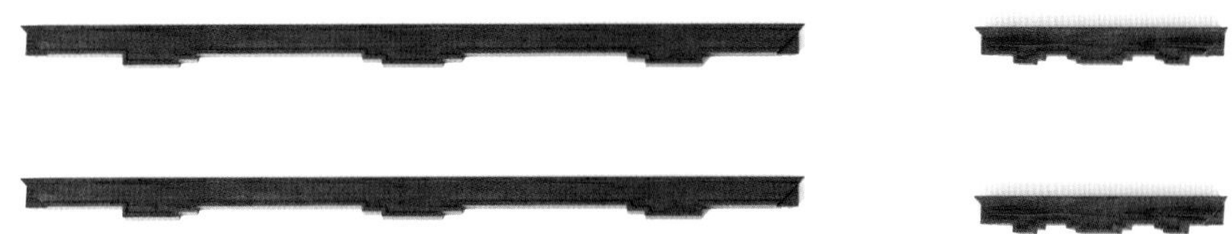

细部效果—牙板（效果图 14）

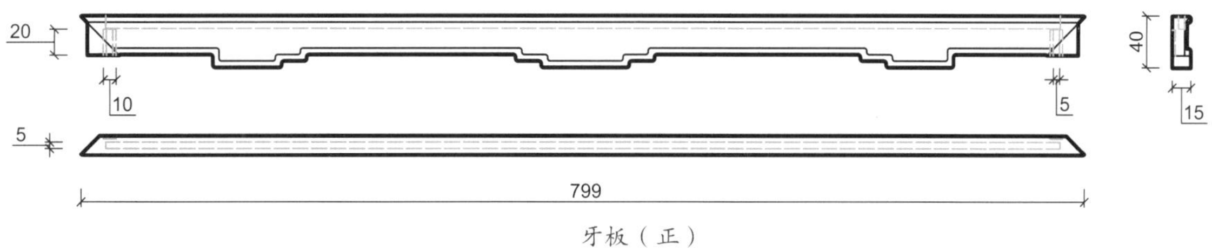

牙板（正）

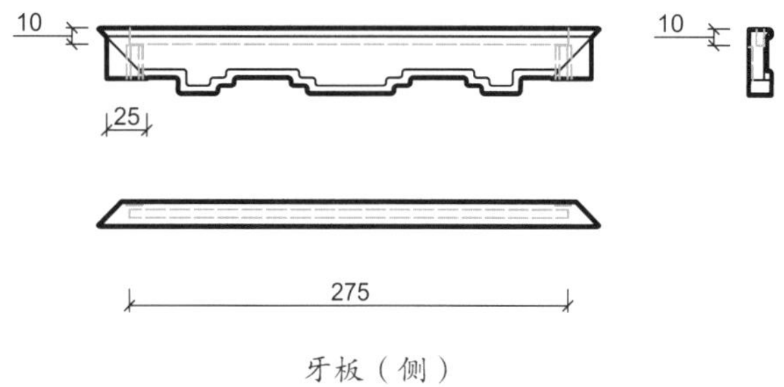

牙板（侧）

细部结构—牙板（CAD 图 8 ~图 9）

细部效果—托泥（效果图 15）

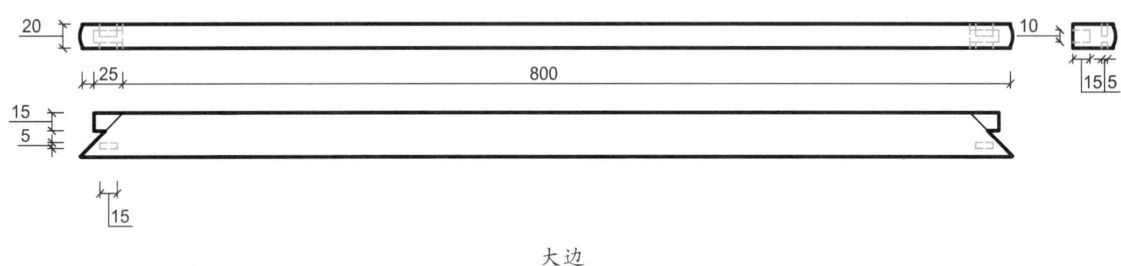

大边

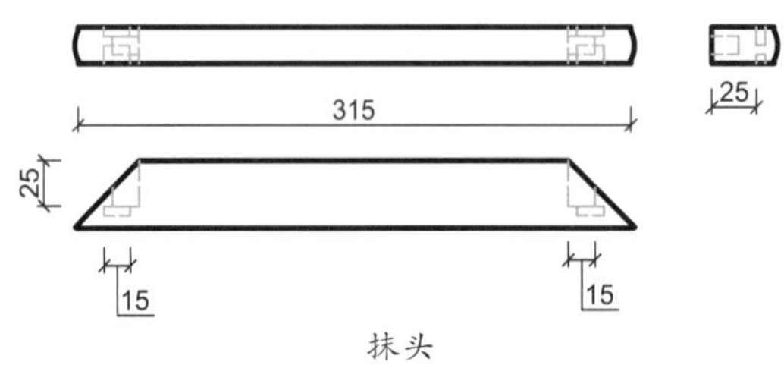

抹头

细部结构—托泥（CAD 图 10 ~ 图 11）

细部效果—腿子（效果图 16）

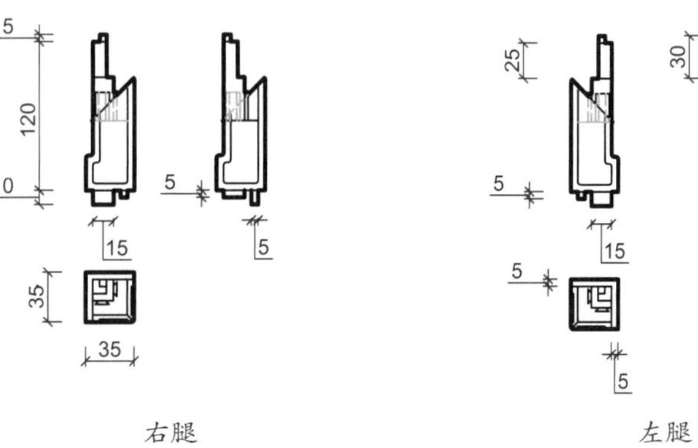

细部结构—腿子（CAD 图 12 ~图 13）

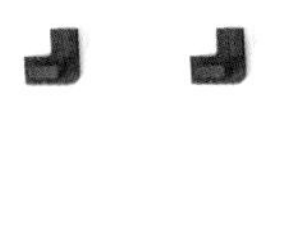

细部效果—龟足（效果图 17）

细部结构—龟足（CAD 图 14 ~图 15）

图版索引

有束腰拐子纹方凳

多混面劈料做拐子纹方凳

有束腰罗锅枨方凳

嵌瓷面罗锅枨方凳

回纹罗锅枨方凳

鼓腿彭牙五足圆凳

四足圆凳

嵌大理石四足圆凳

四面平勾云足方凳

四面平大方杌

藤心大方杌

有束腰条凳

西番莲纹脚踏

带托泥脚踏